山东省煤田地质局科普计划
山东省煤田地质局
山东省煤田地质规划勘察研究院
中国地质博物馆
山东探矿博物馆
（国家级科学家精神教育基地，山东省科普教育基地）

地质一万个为什么

（首　卷）

主　　　编　范宇新
常务副主编　王怀洪
副　主　编　王勇军　刘　丹　万大庆

地质出版社
·北　京·

内 容 提 要

本书围绕地质探索的主要对象——地球，从浩瀚宇宙到微观原子，从亿万年前的古生物到如今复杂的生物圈，从自然现象的观察到科学研究的阐释，多维度精选100个代表性题目，采用“一问一答”形式，展现人类探索地球的过程和成果，是一本蕴含丰富地学知识、聚合地质工作者智慧的科普读物。

本书可作为地学科普读本和辅助教材使用。

图书在版编目（CIP）数据

地质一万个为什么 . 首卷 / 范宇新主编 . —北京：地质出版社，2024.2

ISBN 978-7-116-14104-9

Ⅰ. ①地… Ⅱ. ①范… Ⅲ. ①地质学－普及读物 Ⅳ. ① P5-49

中国国家版本馆 CIP 数据核字（2024）第 081212 号

DIZHI YIWAN GE WEISHENME (SHOUJUAN)

责任编辑： 罗军燕　温日阳

责任校对： 田建茹

出版发行： 地质出版社

社址邮编： 北京市海淀区学院路31号，100083

电　　话：（010）66554215（邮购部）；（010）66554540（编辑室）

网　　址： https://www.gph.clmpg.com

传　　真：（010）66554686

印　　刷： 北京地大彩印有限公司

开　　本： 710mm × 1000mm　1/16

印　　张： 15

字　　数： 198千字

版　　次： 2024年2月北京第1版

印　　次： 2024年2月北京第1次印刷

定　　价： 98.00元

书　　号： ISBN 978-7-116-14104-9

《地质一万个为什么（首卷）》编委会

编撰组

主　　编　范宇新

常务副主编　王怀洪

副 主 编　王勇军　刘　丹　万大庆

编写组成员　（以姓氏笔画排序）

于　峰　王　冀　王付山　王清晨　尹素真
巩　固　吕育林　乔　雪　任广利　刘　雪
刘　静　刘汉斌　孙　超　苏德辰　李　强
李月鹏　李翠芳　杨光烁　杨其栋　杨继岳
沈立军　宋王芳　张　虎　张　超　张业智
张立宽　张兆民　陈跃康　邵玉宝　林丛丛
赵树山　胡雅菲　徐　昌　徐晓天　唐　驰
黄　鑫　曹文庚　崔　凯　董汉文　董晨光
谢　超　臧西胜　滕子军　薛建玲

校　核

巩　固　张兆民　杨继岳　张心彬　徐晓天

序言 PREFACE

燃烧自己　照亮世界

当《地质一万个为什么（首卷）》呈现在我面前时，一下就激起了我这个老地质工作者的兴趣。这本科普书以独特的视角和表达方式，让我们了解地质、认识地球。大自然充满了神秘及许多未知，也使与地球、大自然打交道的地球科学，地质工作增添了神秘与浪漫的色彩。

地球科学是研究自然，认识自然，探讨人与自然相互关系的科学。它讲今论古，谈天说地，上至天文，下至地理，包罗万象，博大精深，是一门既理性又实用的公益性科学，是养活全人类的科学！

地质工作以天地为己任，山川作课堂，揭宇宙之奥秘，探地下之宝藏，为人类谋福祉，助国家变富强，既有跋山涉水的艰辛，也有饱览大自然的喜悦，是无限崇高，无比豪迈的事业！

《地质一万个为什么（首卷）》以地球的认知为起点，带领读者走进地质世界。本书在刻画地质科学知识的同时，注重融入人文精神和情感，侧重从日常生活和见闻入手，引导读者认识周围自然环境和人类生活，思考人与自然的关系，全书有几个特点：其一，从时间、空间等多个维度入手，多方位、多角度地展示地球的形成、演变及其与生命的交织，让读者深入了解地球；其二，以“宏观思维，微观视角”为指引，截取地球的某些短暂时刻或局部画面，作为普及地球科学的范例；其三，采用“表象与本质结合”的方法，为读者展示了多个既具有观赏性又具有一定深度和内涵的地质现象。

多年来，山东煤田地质人在唤醒宝藏、奉献希望的征程中，始终把科技创新和科学普及放在心头，传承“三光荣”“四特别”的地质行业优秀品格，弘扬科学家精神，践行找矿报国使命，筚路蓝缕，艰苦创业，不仅为国家探明数千亿吨煤炭资源储量，还致力于“传播地学知识，讲好地球故事”的积极行动，创建了国内首家探矿主题博物馆，建立了国家级科学家精神教育基地，涌现出李四光地质科学奖获得者、全国优秀科技工作者、自然资源首席科学传播专家等一批科技英模人物和先进团队。他们燃烧自己，照亮世界，凭借七十余载厚积地质成果的历程，用脚步丈量祖国大地的豪气，呈现出这本科普书籍，体现了新时代煤田地质人的奉献与勇于担当。

地球是人类赖以生存的家园，隐藏着无数的奥秘，对其探索永无止境。人与自然休戚与共，社会越进步，人们探知地球奥秘的欲望越迫切。《地质一万个为什么（首卷）》已经有了一些回答，后续也定会有更多的探索和答案。让我们跟随这本书的步伐，认识地球，了解自然，期望本书能起到提升青少年科学素质和创新能力的作用。

“岁月失语，惟石能言。”习近平总书记强调：“要加强国家科普能力建设，深入实施全民科学素质提升行动，线上线下多渠道传播科学知识、展示科技成就，树立热爱科学、崇尚科学的社会风尚。”本次编撰工作是一次有益的尝试，是地质科学传播路径的新探索，希望创作团队在科学普及的道路上，再接再厉、再创佳绩。后续创作出更多更好的作品，为地质科学普及事业做出更大的贡献。

中国科学院院士：

2024 年 2 月 1 日

前言

FOREWORD

仰观宇宙之大，俯察品类之盛。我们不禁要问：我们是谁？我们来自何方？大地为何广袤丰饶而又奇伟、瑰丽？这些问题自古以来就困扰着人类，而地质工作者给出了自己的答案。

科普的桥梁，连接着过去与未来，讲述着时间与空间的故事。习近平总书记强调："科技创新、科学普及是实现创新发展的两翼。"如何让"科普之翼"更丰满，如何把科普服务送到千家万户，如何把地质科学知识送到青少年手中，是山东煤田地质人一直思考、探索的课题。在多年科普实践的基础上，我们编写了《地质一万个为什么（首卷）》，为提高全民科学素质再添一块砖、再加一片瓦。

回望历史长河，奋楫岁月激流。70多年来，山东省煤田地质局始终坚定践行找矿报国初心使命，唤醒宝藏、奉献希望，是一支找矿成果丰硕的功勋团队。近年来，全局坚持以习近平新时代中国特色社会主义思想为指导，创新实施"113388"发展战略和思路，踔厉奋发、事争一流，各项工作呈现出蓬勃发展的良好势头，多项工作走在全国煤田地质行业前列。在地质科普领域，以山东探矿博物馆为引领，山东地质图书馆、各单位展厅展室等阵地广泛参与；以国家级科学家精神教育基地为牵引，山东省科普教育基地、山东省科普专家工作室等平台深度融合；以科普活动为主体，科普图书、科普视频等文创作品互为补充，"线上＋线下"立体结合，"请进来＋走出去"双向奔赴，形成了山东煤田地质特色科普文化矩阵。本书的创作正是丰富这一科普文化矩阵的新探索。

地球有多大，奥妙有多少？在过去几乎无法想象，而随着地质科学的发展，地球不仅逐渐“看得见”“摸得着”，还可以“做CT”。人类的命运与地球的关联从未像现在这般密切，人们对神秘地球的探知渴望从未像现在这般迫切。人类能钻穿地球吗？沙漠里为什么发洪水？在《地质一万个为什么（首卷）》这本书里，我们将一起踏上奇妙之旅，去探索地球的奥秘、矿藏的神秘、未来的可期。

精美的石头会唱歌。看一块石头，讲这块石头的故事；看这片土地，讲这片土地的故事；看整个地球，讲地球的故事。本书精选了与人类生产生活密切相关的8类共100个地质问答，从浩瀚的宇宙星辰讲起，然后聚焦到地球及其唯一的卫星——月球；从地球内部结构，到近地表的板块构造，再到地表形貌和资源；最后探讨地球上繁盛灿烂的生命，与您一起走进神奇的地质世界。

亿年的沉默，诉说古老的秘密；科普的星火，点亮知识的轨迹。本书通过时间与空间两个维度，采用深入浅出的语言、生动鲜活的实例、多姿多彩的插画，妙趣横生地再现了地球的诞生、成长、演化的生命之旅。无论是年长者还是小朋友，都能从中获得知识的启迪。

路漫漫其修远兮，吾将上下而求索。本书是一颗传播地球奥秘的种子，也是一颗赓续地质报国红色基因的种子。山东煤田地质人将在与地球深情对话中探求远古的奥秘，在向地层倾心传情中探寻宝藏的踪迹，在感受地球脉动中插上科普的翅膀，携手飞越知识的海洋，凝聚科技力量，实现伟大梦想。

本书付梓在即，特向对本书编写给予关心指导和帮助的专家学者、各界朋友表示衷心的感谢！

2024年2月1日 济南

CONTENTS

目录

第1章 探索神秘宇宙 1

1-1 什么是宇宙？什么是宇宙历？ 3

1-2 什么是黑洞？ 8

1-3 什么是引力波？ 10

1-4 宇宙中有适宜人类生存的其他星球吗？ 12

1-5 发现“新地球”？ 14

1-6 什么是流星？ 16

1-7 什么是彗星？ 19

1-8 水星上有水吗？ 21

1-9 火星为什么是红色的？ 23

第2章 地球和月球 25

2-1 从宇宙看，地球到底有多“小”？ 27

2-2 地球的“体重”是如何确定的？ 29

2-3 地球的“年龄”是如何确定的？ 31

2-4 地球会像人一样变老甚至死亡吗？ 33

2-5 地球为什么是“圆”的？ 35

2-6 四季、昼夜，及年月日是怎么划分的？ 37

2-7 日行八万里是怎样一种感受？ 40

2-8 地球上的螺旋结构是怎么来的？ 42

2-9 没有月球的守护，地球将会怎样？ 45
2-10 月球会远离地球吗？ 47

第3章 透视地球 49

3-1 地球的内部结构和熟鸡蛋一样吗？ 51
3-2 人类能钻穿地球吗？ 54
3-3 地球中什么元素最丰富？ 56
3-4 什么是地震？地震是怎么产生的？ 58
3-5 什么是地震波？ 60
3-6 地球可以“做CT”吗？ 62
3-7 地震波的用途有哪些？ 63
3-8 地震的强度是如何划分的？ 65
3-9 地震能够预测吗？ 67
3-10 地震来了，该如何避险？ 69

第4章 从圈层作用看地貌和土壤 71

4-1 大陆漂移学说和海底扩张学说有着怎样曲折的动人故事？ 73
4-2 板块构造学说是如何兴起的？ 76
4-3 地球现今的海陆格局是怎么形成的？它们的位置还会变化吗？ 78
4-4 山脉是如何形成的？ 80
4-5 高山上为什么会有海洋生物化石？ 83
4-6 珠穆朗玛峰的“身高”是多少？ 84
4-7 坚硬的岩层为什么会产生褶皱，甚至断裂？ 86
4-8 渤海地区经历过“沧海桑田”吗？ 88
4-9 冰川为什么是蓝色的？ 89
4-10 什么是雪球地球？雪球地球是怎么形成与消失的？ 91
4-11 什么是丹霞地貌？ 93
4-12 什么是雅丹地貌？ 96

4-13 喀斯特地貌是如何形成的？ 98
4-14 黄土高原是如何形成的？ 100
4-15 什么是马兰黄土？ 102
4-16 土林是什么？ 103
4-17 滑坡发生在哪里？发生滑坡迹象应如何避险？ 105
4-18 土壤是什么？有哪些作用？ 107
4-19 土壤是怎么形成的？ 109
4-20 你知道五色土吗？ 111
4-21 土壤的退化是怎么回事？我们应该如何保护土壤？ 113

第5章 地球上的水资源 115

5-1 地球上的水是从哪里来的？ 117
5-2 水有“第四种形态”吗？ 119
5-3 沙漠里为什么发洪水？ 120
5-4 瀑布是如何形成的？怎样合理利用？ 121
5-5 河流为什么会弯曲？ 124
5-6 井中的水从何而来？ 126
5-7 怎么寻找地下水？ 128
5-8 地下水一定是安全的吗？ 130
5-9 坎儿井是怎么回事？ 132
5-10 什么是再生水？ 134
5-11 如何合理地开发、利用和保护水资源？ 135

第6章 地球上的固体宝藏 137

6-1 “矿”字是怎样来的？矿物的定义又是什么？ 139
6-2 什么是天然石墨？ 141
6-3 钻石和石墨有什么异同点？ 143
6-4 “钻石恒久远”，钻石是最古老的矿物吗？ 145

6-5　矿物主要有哪些用途？ 147
6-6　美味的“石锅”里藏着哪些秘密？ 149
6-7　人们是如何找到有用矿产的？ 151
6-8　矿产是如何从地下开采出来的？ 153
6-9　盐为何如此重要？ 156
6-10　煤炭是如何形成的？ 158
6-11　稀土究竟是什么？ 160
6-12　稀土元素为什么很重要？ 162
6-13　洋底有什么宝贝？ 164
6-14　夜明珠真的存在吗？ 166
6-15　如何简便快速地识别“愚人金”？ 168
6-16　“龙甲”是龙的铠甲吗？ 170
6-17　三星堆的古人金属加工水平有多高？ 173
6-18　你为什么那么“锰”？ 176
6-19　万“钴”不枯——钴及其化合物有哪些用途？ 179
6-20　“龙珠”是什么？ 182
6-21　为什么地面会出现沉降？ 184

第7章　地球新能源探索 185

7-1　什么是碳汇？什么是碳源？ 187
7-2　什么是碳循环？ 188
7-3　什么是碳中和？ 190
7-4　非常规石油资源是什么？ 192
7-5　什么是海洋能？ 194
7-6　海洋能的特点是什么？ 196
7-7　什么是浅层地温能？ 197
7-8　什么是可燃冰？ 199
7-9　什么是煤层气？ 201

第8章　地球上的生命 203

8-1　地球上原始生命是怎么诞生的？ 205
8-2　什么导致了二叠纪末期的生物大灭绝事件？ 207
8-3　人类是什么时候开始出现的？ 208
8-4　地球最多能承载多少人口？ 210
8-5　恐龙，为什么叫恐龙？ 212
8-6　生物大灭绝相当于生命回到原点重新开始吗？ 214
8-7　人类会像恐龙一样突然灭绝吗？ 217
8-8　琥珀中的恐龙可以复活吗？ 218
8-9　一万年前的人类吃什么？ 219

后　记 221

第1章 探索神秘宇宙

1-1

什么是宇宙？什么是宇宙历？

“往古来今谓之宙，四方上下谓之宇”，这句话言简意赅地表述了宇宙即时空的概念。东汉学者张衡认为“宇之表无极，宙之端无穷”，表达了对宇宙无限的认知。现代科学认为：宇宙是所有时间、空间及其包含内容物联合构成的统一宏大整体，其中既有行星、恒星、星系、星际空间等庞大实体，又有肉眼难以见到的分子、原子等所有物质与能量。

世界著名天文学家、科普作家卡尔·爱德华·萨根（Carl Eduard Sagan）提出了宇宙历的概念，即把宇宙 138 亿年的生命历程映射在 1 年之中。

经过简单的数学计算，可以得到：宇宙历的 1 秒代表 438 年，1 小时代表 158 万年，1 天代表 3780 万年。照此换算，地球上一个 80 岁的人，他只经历了宇宙历中的 0.18 秒，真的是一眨眼的工夫而已！用宇宙历纪年 1 年来表示宇宙中发生的事件，如下图所示。

宇宙诞生
138 亿年前
银河系诞生
110 亿年前
1 月 1 日
1 月 22 日
3 月 16 日
第一个星系诞生
128.5 亿年前

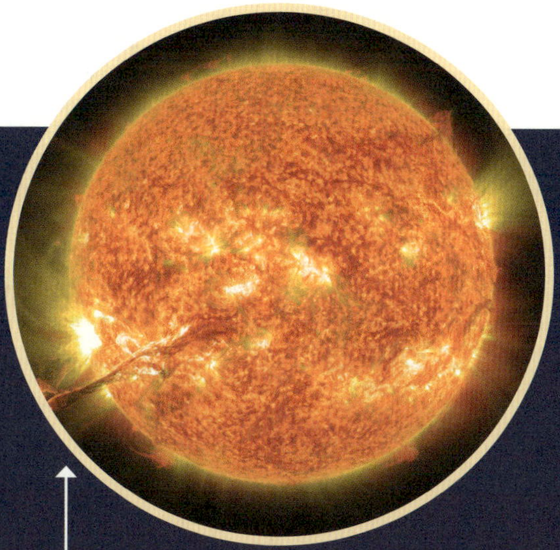

太阳系诞生
45.7 亿年前

地球生命诞生
41 亿年前

8 月 28 日 → 9 月 6 日 → 9 月 7 日 → 9 月 14 日

地球诞生
45.5 亿年前

月球诞生
45.3 亿年前

光合作用
38 亿年前

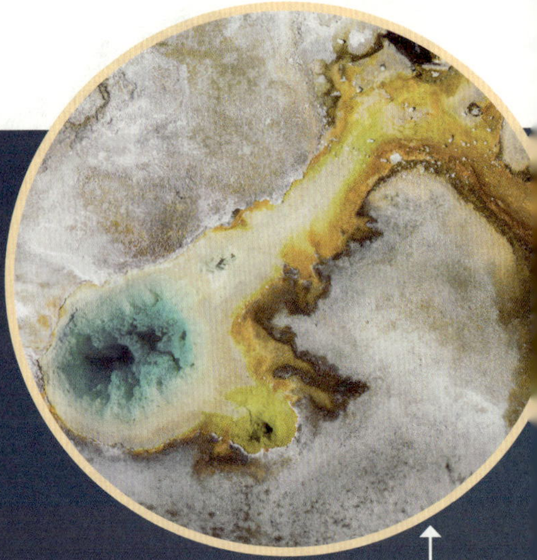

原始生物 / 海洋生物登陆
4.5 亿年前

9 月 30 日 — 12 月 5 日 — 12 月 20 日

多细胞生物出现
8 亿年前

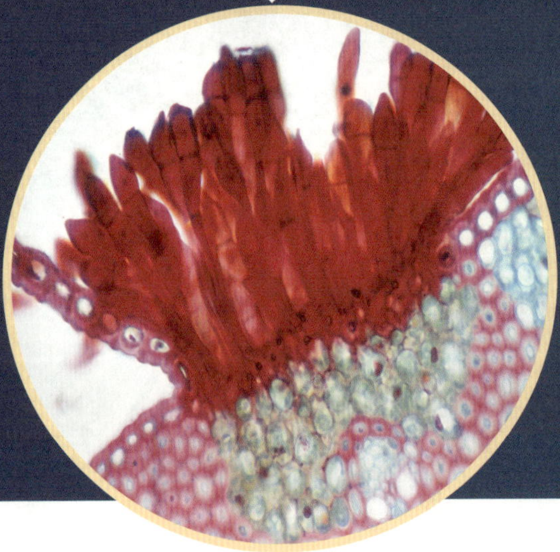

恐龙灭绝
6600 万年前

12 月 25 日 → 12 月 30 日 → 12 月 31 日 →

恐龙出现
2.3 亿年前

灵长动物出现
4000 万年前

1–2

什么是黑洞？

2019 年，科学家们首次成功捕获到了黑洞的图像！这个黑洞位于一个名为梅西耶 87（M87）星系的中央，距离地球 5500 万光年，质量约为太阳的 65 亿倍。它的核心区域存在一个阴影，周围环绕一个新月状光环。

那么，什么是黑洞？它是怎么被发现的？它又是怎样形成的？这要回到 1783 年，英国有位地理学家叫约翰·米歇尔（John Michell），他写了一封信给亨利·卡文迪什（Henry Cavendish），信中说：如果有一个与太阳质量一样大的天体，但它的半径只有 3 千米，那么这个天体是不可见的，因为光无法逃离天体的表面。意思就是，这样超大质量、超大密度的天体，连光都无法逃离，所以我们看不到它。

1795 年，著名数学家皮埃尔·西蒙·拉普拉斯（Pierre Simon Laplace）也提出过类似的观点。他认为，如果有一个发光体，其密度和地球一样，但它的直径比太阳大 250 倍，那么它的光线会被吸引，以至于光线无法到达地球，这个天体就成了一个黑体。

直到 1915 年，爱因斯坦建立了广义相对论，我们才真正开始研究和分析黑洞。德国天文学家卡尔·史瓦西（Karl Schwarzschild）通过计算爱因斯坦的引力方程预言：如果一个物体被压缩到一个小到不能再小的点，那么它的周围会存在一个视界界面，一旦有物质进入这个视界界面，就连光也无法逃脱。这种“不可思议的天体”后来被美国物理学家约翰·阿奇博尔德·惠勒

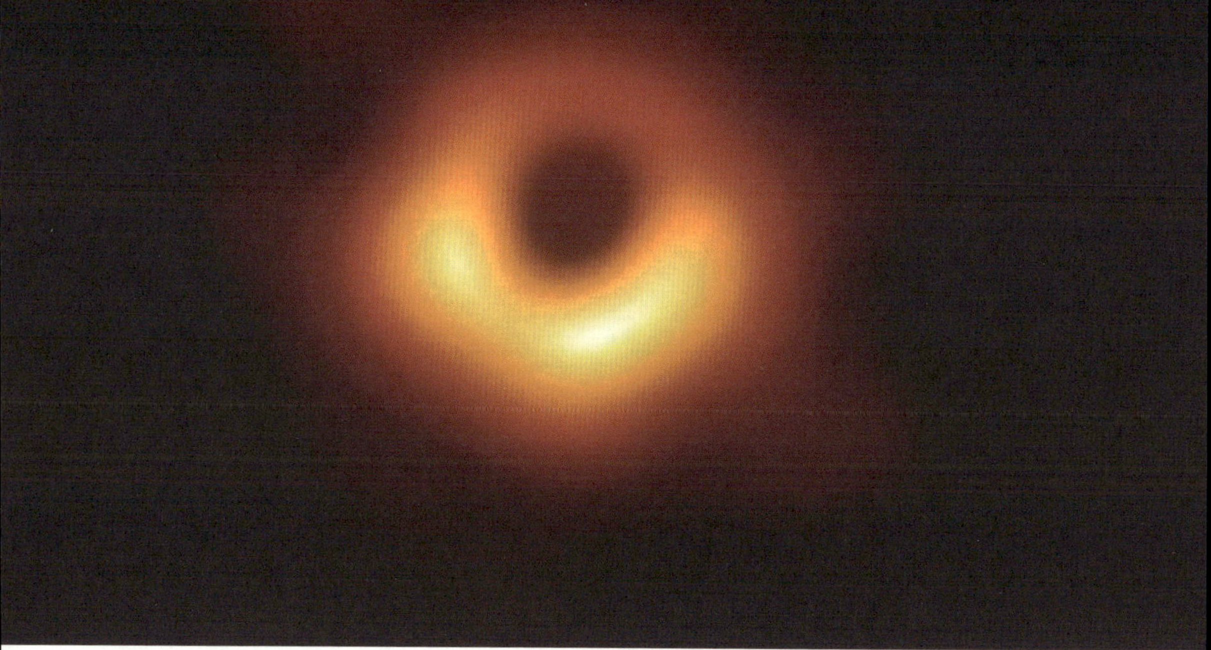

人类首次捕获的黑洞图像

(John Archibald Wheeler) 命名为“黑洞”。

美国国家航空航天局（NASA）关于黑洞形成的解释为：当一个质量很大的恒星在核聚变反应中“燃烧”完所有的燃料后，即演化的最后阶段，因为抵挡不住巨大的引力而发生坍缩，物质被压缩到一个很小的空间里，最终形成黑洞。

其实黑洞并不黑，也不是一个“洞”，而是宇宙时空中的一个区域。由于黑洞的质量非常大，可以达到 99 万至 400 亿个太阳质量，因此具有超强的引力，所有经过它的东西都会被吸进去。

黑洞虽然看起来很神秘，但随着科学技术越来越先进，科学家们会不断地揭开与黑洞有关的种种谜题！

1-3

什么是引力波?

认识完黑洞怎么能不了解一下引力波呢?也许大家已经在电影《星际穿越》和科幻小说《三体》中听说过引力波,在科幻作品中它被看作是未来时空中人类的通信手段。科幻作品中的高科技能否成为现实呢?我们先要了解引力波究竟是什么。

让我们来想象一下:当你往平静的湖面扔一颗小石头时,会出现什么情况?你会发现,小石头扔进去后,湖面会产生一圈圈的波纹并向四周扩散开去。这是因为石头进入湖水中后,在水面上产生振动,这种振动传播开去,就形成了我们看到的波纹。

我们不妨再举个例子:在一块平铺的毯子上,放上一个铁球,此时毯子会发生凹陷,我们可以把这个现象想象成天体(铁球)在宇宙(毯子)中发生的时空扭曲,天体(铁球)越重,时空扭曲(毯子凹陷)越厉害。那如果天体是运动的呢?那就会像往水里丢石头一样,这种扭曲凹陷的状态会像水波纹一样,以四周辐射的形式向外传递,这就是引力波。

虽然我们无法在地球上产生可被探测的引力波,但是我们可以观察宇宙中产生的引力波。比如双星体系公转、中子星自转、超新星爆发以及理论预言的黑洞的形成、碰撞和捕获物质等过程,引力波的研究可以帮助我们窥探宇宙最深处、最原始的奥秘。通过观测和研究引力波,我们可以了解到宇宙最早期的状态,甚至可能揭示出宇宙的起源之谜。这对于我们人类来说无疑

引力波示意图

是非常重要的，因为我们一直在探索这个神秘而庞大的宇宙究竟是从何而来的。此外，引力波的精确测量将成为未来基础科学领域最前沿和重大的研究课题，将给相关技术领域带来革命性突破，促使人类更好地认识量子引力、时空结构、物质起源等基本问题。

1-4

宇宙中有适宜人类生存的其他星球吗?

人是群居动物，具有朴素的观念，愿意相信或者希望宇宙中还有同类，尤其是抱有善意的同类。因此，人们总是将目前科学无法解释的问题归结为外星人的活动，如大家熟知的 UFO 现象等。即便没有发现外星人，人们也希望能找到类似地球的、适宜我们生存的其他星球。

随着科学技术的飞速发展，人们越来越频繁地思考这样一系列问题：宇宙中，其他类似地球的行星上有没有生命？如果外星人真的存在，会在什么地方？如果没有外星生命，那么宇宙中还有没有适宜人类生存的其他星球？要回答这些问题，就需要确认适宜人类生存的星球应当具备哪些条件。

地球上之所以有生命存在，其外部环境条件包括：有一颗稳定的恒星（太阳）提供光和热；有安全的行星际空间——轨道共面同向，大、小行星各行其道；周围的彗星和陨石不能太多，因为它们会对星体上的生命造成毁灭性打击。总之，其外部环境要比较稳定而安全。

此外，生命能够存在，星球自身也要具备一系列条件：与恒星距离适中，温度适宜；体积和质量适中，使大量气体得以聚集，并能形成稳定、厚实的大气层，以降低或阻挡辐射、陨石撞击等对星球上生命的影响；星球表面还必须要有水，并能形成原始大洋，以便孕育最初的生命形式；星球必须已经形成足够长时间，以便为生命孕育创造充足的时间条件。

基于上述条件，我们就可以分析目前人类已知的宇宙范围内，有多少星

人类对宇宙的畅想

球可能会达到或基本满足这些要求。

据研究，仅在银河系内，就有大约 1000 亿颗恒星，其中近 1%，即大约 10 亿颗恒星与太阳类型相同。这其中又有 10% 像太阳一样拥有自己的行星，即约有 1 亿个像太阳系这样的恒星 - 行星系统。在这 1 亿个恒星系中，大概率有与地球相同或相似的天体。所以，除地球外，宇宙中很可能还有适合人类生存的星球，只是以目前人类的科技水平还无法一探究竟。

1–5
发现“新地球”？

美国国家航空航天局通过开普勒太空望远镜的长期观测，于 2013 年 4 月，在位于天琴座的一颗恒星——开普勒 -62 旁发现了五颗系外行星，如下图所示，其外围的两颗行星开普勒 -62e 和开普勒 -62f，体积分别是

太阳系行星与开普勒 -62 行星对比图

地球的 1.6 倍和 1.4 倍，公转周期分别为 122.4 天和 267.3 天，它们接收到的热量比地球少一些。其中一颗行星的表面平均温度与地球的热带相似，另一颗的表面平均温度则接近地球寒带地区的水平。从理论上推算，这两颗行星表面可能都有液态水，也许还会有少量大气，甚至可能有某种形式的生命存在。这两颗类似地球的行星因表面温度接近地球，有可能适合人类居住，又被人们称为“新地球”。

对于这一发现，有媒体称：人类发现了“地球二号”和“地球三号”。还有媒体宣称“新地球”的发现具有里程碑意义，并认为人类距离找到类似家园更近了一步。但也有媒体对此提出冷静的质疑，一些专家在德国《时代周报》上表示，“宜居行星”并不意味着能确保生物生存，地球生态圈是由多种因素长期演化、相互影响才形成的。他们还进一步指出，新发现的所谓“宜居行星”距离地球 1200 光年，即便人类以光速飞行，也需要 1200 年才能到达那里。迄今为止，人类还无法造出如此快速的宇宙飞船。即使那里真的适宜人类居住，按人类现代的技术和寿命，也不可能飞到那两颗行星上去。

当人们还无法飞离地球的时候，对于生于斯长于斯的地球并不十分在意，也不够珍惜，却对宇宙空间充满神秘美好的幻想。而当放眼宇宙、探索太空，并对宇宙有了越来越多的了解后，才充分意识到地球的特点、价值与重要性。兜兜转转，还是地球最好！在整个宇宙空间中，地球至今仍旧是人类独一无二的美好家园！

1–6

什么是流星？

在人类所处的太阳系中，除大家熟知的太阳、八大行星及其各自卫星、小行星和彗星外，在行星际空间还存在大量宇宙尘埃微粒及各种微小固体块，它们也在绕着太阳运动。当这些微小固体块或尘埃接近地球时，由于地球万有引力的作用，它们的运行轨道会发生改变，其中一部分可能会进入地球大气层。由于这些微小固体块或尘埃相对地球的运动速度很快（可达 11 ~ 72 千米/秒），当它们与大气分子、原子发生剧烈摩擦时，会迅速燃烧，形成发光轨迹。如果发生在夜晚，会在夜空中划出一条醒目、明亮的光迹，由此便产生了流星现象。一般来说，流星现象多发生在距离地面 80 ~ 120 千米的高空。

造成流星现象的微粒称为“流星体”，主要是那些穿行在星际空间、数量众多的尘埃和微小固体块。流星和流星体也有区别，前者包括单个流星（也叫偶发流星）、火流星和流星雨三种。其中的流星雨，是指茫茫夜空中许多流星从天空的一个辐射点发射出来的天文现象。因为这一天文奇观很像降雨，故而得名。数量特别庞大或表现异乎寻常的流星雨，则被称作流星突出或流星暴，此时每小时出现的流星可能超过 1000 颗。

单个流星体的体积和质量一般都很小。比如产生 5 星等[1]的流星体，其

---

[1] 星等是天文学上对星体明暗程度的表示方法，记为 m。星等数越小，说明星越亮。每差 1 星的亮度大约相差 2.512 倍。天空中肉眼可见的星星中，最亮的一等星有 21 颗；二等星有 46 颗；三等星有 134 颗；四等星有 458 颗；五等星有 1476 颗；六等星最暗，共 4840 颗。

2019 年 8 月 12 日在斯洛伐克出现的一场流星雨

平均直径仅约为 0.5 厘米、质量为 0.06 毫克；人类肉眼可见的流星体，其直径多为 0.1 ~ 1 厘米。

流星体与地球大气层之间的相对运动速度，与这些流星体进入地球大气层的方向或角度有关。如果它们与地球迎面相遇，相对速度可超过 70 千米 / 秒；如果是以流星体追赶地球或地球追赶流星体这种前后追赶的同向运动方式进入大气层，其相对速度大约只有 10 千米 / 秒。但这一速度，也足以让它们与大气分子、原子发生激烈碰撞、摩擦，燃烧形成肉眼可见的流星。

由于超高速度和巨大的摩擦力，大部分流星体进入地球大气层后都会气化殆尽。只有少数体积大、结构致密的流星体，可能因时间太短燃烧未尽，残余固体物质降落到地面，形成陨星或陨石。据有关专家估算，每年从太空降落到地球表面的各种流星体，包括气化物质和微陨星，总质量约为 20 万吨。

1-7

什么是彗星？

彗星是指那些进入太阳系以后，亮度和形状都会随距日距离改变而发生变化的绕日运行天体，它们一般呈现出云雾状的独特外貌。一颗彗星往往由三部分组成，即彗核、彗发和彗尾。通常情况下，彗核主要由岩石和凝结成冰的水等物质组成。当彗星接近所在星系的恒星时，部分彗核物质会升华，并在冰核周围形成朦胧的彗发和一条由稀薄物质流构成的彗尾。由于“太阳风”的作用，长长的彗尾总是指向背离太阳的方向。彗尾一般长数千万千米，最长可达几亿千米。应该指出的是，构成彗发和彗尾的物质极稀薄，其质量仅占一颗彗星总质量的 1% ~ 5%，甚至更小。

根据过去十几年的天文观测，天文学家估计太阳系中约有数亿至数十亿颗短周期彗星、数万亿颗长周期彗星。目前人类已经记录了至少 7000 颗轨道似乎不重复的彗星。不过，太阳系里知名度最高的彗星要数哈雷彗星了。

哈雷彗星因被英国物理学家埃德蒙·哈雷（Edmond Halley）测定轨道数据，并预言回归时间而得名，是首颗被人类记录的周期彗星。

中国、古巴比伦及中世纪欧洲都有观测到哈雷彗星的记载。我国从鲁文公十四年（公元前 613 年）就开始记录哈雷彗星，是世界上最早有哈雷彗星的确切记录的国家。

1986 年回归的哈雷彗星

由于彗星“行踪不定”，且形态与其他星体差异明显，在古代中国，彗星被认为是灾难来临的象征（又称星孛、扫把星）；在西方，彗星来临也被认为是不祥的征兆。

其实这是当时科学技术不发达，人类在天文学知识极为有限的情况下对天象的认识。

1-8

水星上有水吗？

早在公元前3000年，苏美尔人就发现了水星。从字面来看，这颗星球上，一定是浩浩汤汤、汪洋一片，但事实并非如此。

由于离太阳太近，加之缺乏大气调节，白天时赤道地区温度很高，最高可达430摄氏度；夜间的最低温度可达-170摄氏度以下，昼夜温差近600摄氏度。这种同一星球表面冰火两重天的情况，使水星夺得太阳系行星表面昼夜温差之冠。

有关研究表明，水星上残存的大气压不足地球大气压的1000万亿分之一。加之高温、微弱的引力和强大的太阳风，即使水星表面存在水蒸气等气体，也很快会逃逸。因此，很长时间以来，科学家都认为水星上不会有任何形式的水存在。

汉语中“水星”这个名字的由来，与其上面是否有水毫无关联。水星、金星、火星、木星和土星五个行星体积较大，且距离地球较近，很容易辨认。中国古代的星象家根据它们的视觉特点，并结合阴阳五行学说，为它们命名。

1974年，NASA成功发射了人类首艘抵达水星的探测器“水手10号”，由此正式展开对水星的探测研究。正是在这段时间，科学家们根据“水手10号”传回的图像，研究发现水星北极的阴影区很可能存在冰冻水。

1991年，当时世界上最强大的阿雷西博射电望远镜向水星发射了电磁

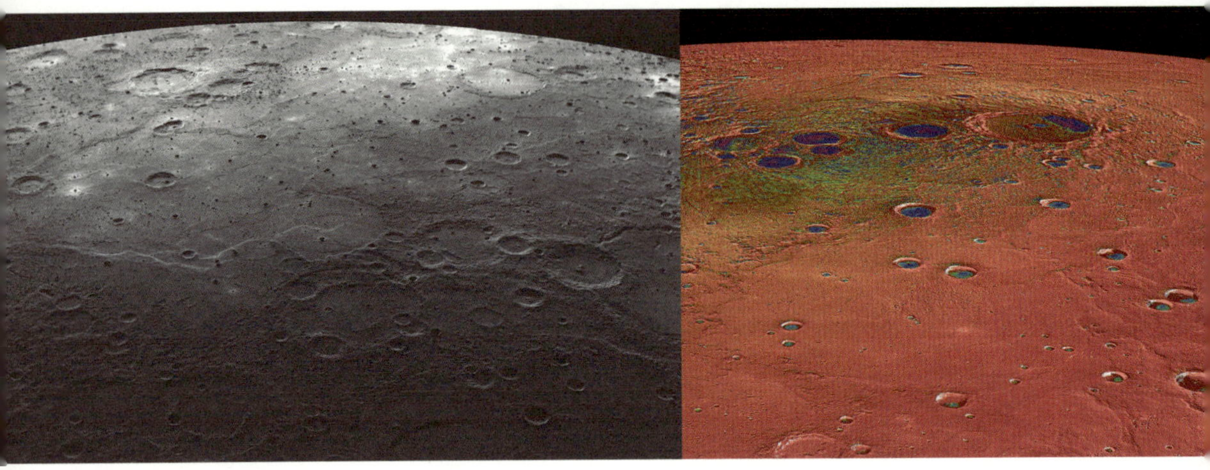

水星表面

波。科学家从反射回来的信号中发现，水星极区存在反射率异乎寻常的高亮区。经进一步研究分析得出，这些强烈的雷达反射波是冰存在的典型证据。为此，行星科学家科拉普雷特指出："只有纯度高达90%，且厚度超过数米的冰层，才能产生如此高的雷达反射率。"对此，人们不禁要问：这些冰是怎么来的？

人们展开想象的翅膀：水星极地上每个见不到阳光的陨石坑，都像一个寒冷的陷阱。部分靠近水星的彗星和冰陨石等天体物质带来的极少量水，会被"捕获"并保存下来。在长达数十亿年的时间内，这些寒冷陷阱不停地收集着来自太空的各种水，并逐渐累积到现在的厚度。

来自NASA的"信使"号探测器的中子分析数据表明，那些雷达照片高亮区内的沉积物质，存在平均厚约为数十厘米的富氢物质层。这些物质中氢的含量，几乎与地球上纯净的冰一模一样。

如此看来，水星上是否存在水的问题终于水落石出了：考虑到水星表面的温度等诸多自然条件，它表面不可能存在液态水，但背阳的陨石坑中存在冰。

1-9

火星为什么是红色的？

火星属于类地行星，是太阳系八大行星中的第四颗行星。火星的直径约为地球直径的一半，其自转轴倾角和自转周期均与地球相近，火星的公转周期几乎是地球的两倍。因为与地球有诸多相似性，火星曾一度被认为是太阳系中最有可能存在地外生命的行星。

中国古人根据五行学说将这颗行星命名为“火星”。因“荧荧如火，捉摸不定”，火星又被称为“荧惑”。古巴比伦人则称之为“红色巨星”。

在罗马神话中，战神玛尔斯（Mars）嗜血好斗。而夜空中的火星颜色呈红色，让人们联想到血。于是这颗行星被命名为“Mars”。

那么，火星为什么是红色的呢？

火星

火星上并没有火焰，也没有岩浆之类的熔融体，更不会像太阳那样发光发热。火星的“红”是一种近似橘红的颜色。这种橘红色，源自火星表面被大量氧化铁（Fe_2O_3）覆盖。

实际上，地球和火星形成过程中都有氧化铁参与。研究表明，大约40亿年前，当包括地球和火星在内的太阳系行星形成时，曾遭受大量流星等小天体的不断撞击，使这些星球表面成为炽热的岩浆海洋。但由于地球的质量大约是火星的10倍、直径大约是火星的2倍，因此地球岩浆房底部的压强比火星岩浆房底部的压强大很多，高压使地球上的岩浆温度上升到3200多摄氏度。在此超高温条件下，地球上的氧化铁分解为液态铁与氧气。有关研究表明，目前地球表面的氧化铁含量，约占原有氧化铁含量的8%。

相比之下，火星的温度从未达到过上述地球表面那么高的程度，甚至从未超过2200摄氏度。加之火星没有如地球环境中的大气和降水条件，也就无法发生风化剥蚀，因此，火星上氧化铁的含量一直保持相对稳定。有关研究表明，火星表面几乎到处都覆盖着厚厚的氧化铁，其氧化铁含量是地球上氧化铁含量的3倍。氧化铁易于反射太阳光中橙红色的部分，因此火星看起来是红色的。

第2章 地球和月球

2-1

从宇宙看，地球到底有多“小”？

地球，我们居住的星球，承载着巨大数量的人口及物质资源等，地球体积为 1.08321×10^{12} 立方千米，质量为 5.97237×10^{24} 千克，地球的赤道周长为 40075 千米。一个人绕着地球走一圈需要耗费多长时间呢？如果没有海洋的阻隔，按每天走 10 小时计算，两年可以环绕地球一圈。一辆时速为 100 千米的汽车，如果每天行驶 10 小时，40 天可以绕地球一圈。一架飞机可以在两天内绕地球一圈。一艘宇宙飞船可以在 1.5 小时内轻松绕地球一圈。在我们人类看来，地球无疑是一个庞然大物。但实际上，当我们把地球放在宇宙中，会发现地球的体积和质量在宇宙中根本不值一提，甚至可以说地球小的像一粒尘埃，悬浮在无垠的宇宙中。

我们不妨来做个体积比较：1 个海王星 =58 个地球，1 个天王星 =65 个地球，1 个土星 =830 个地球，1 个木星 =1300 个地球，1 个太阳 =130 万个地球。如果把地球比作一粒尘埃，那么太阳就是一颗乒乓球，太阳系就是由这些“乒乓球”及“尘埃”组成的一个“小盘子”。而我们所在的银河系则是由无数个这样的“小盘子”组成的一个巨大的“盘子”。

1990 年 2 月 14 日，美国“旅行者 1 号”（Voyager 1）飞船飞到了太阳系的边缘，并在距离地球大约 64×10^{8} 千米的地方拍摄了它出发的地球，在照片中，地球仅仅是一个小点。对此，美国著名科普作家卡尔·爱德华·萨根深受感触，他在自己的文章中这样写到：“无垠太空中，地球仅仅是个‘黯淡蓝点'，是一粒悬浮在阳光中的微尘，但却是我们的家园，我们的所有，在它上面，有我们爱的每个人，我们认识的每个人，我们听说过的每个人。"

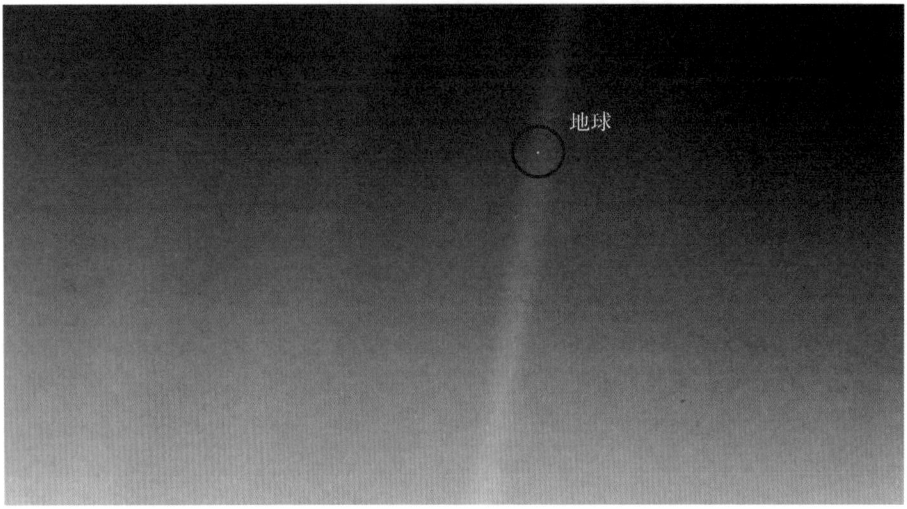

旅行者 1 号拍摄的地球照片

2–2

地球的“体重”是如何确定的?

前面我们已经了解到，地球的质量为 5.97237×10^{24} 千克，那么问题来了，人们是如何确定地球的质量的呢?

1687 年，物理学家艾萨克·牛顿（Isaac Newton）正式发表了万有引力定律：任何两个物体都是互相吸引的，引力大小与这两个物体质量的乘积成正比，与它们中心距离的平方成反比。即

$$F=G[(m_1 \cdot m_2)/r^2]$$

式中：F 为两个物体间的引力；G 为万有引力系数；m_1、m_2 为两个物体的质量；r 为两个物体间距离。理论上，得到 G 的数值，人们就可以用这个公式计算地球的质量了，但牛顿尝试了几次，都失败了。

直到 1798 年，英国物理学家卡文迪许（Cavendish）设计了巧妙的“扭秤”，才解决了这个问题。他将一条细线系于一个轻质木棒的中端，并在木棒的两端各系上一个小铅球（质量为 m_1），木棒可绕悬线自由扭动。为了便于观测，卡文迪许在悬线上固定了一面小镜子（M）。这样即使发生轻微扭转，也可以清晰观测到。而后，卡文迪许将两个较大的金属球（质量为 m_2）分别装于这两个小球的附近，这两个金属球与两个

卡文迪许

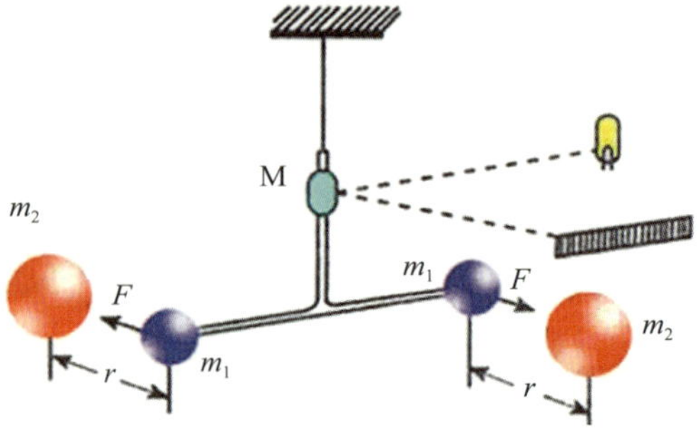

卡文迪许扭秤示意图

小铅球之间的引力使悬线发生轻微的扭动。根据木棒扭转的幅度，就可以计算出大球与小球之间的吸引力。进而，他根据两对球体的中心距和各球的质量，测出 $G=6.754\times10^{-11}$ 立方米 / （千克 · 平方秒），进而推导出地球的质量约为 5.89×10^{24} 千克，与现在测出的万有引力常量及地球质量十分接近。

随着测量技术的不断进步，测量的结果越来越精确。需要指出的是，地球的质量不是一成不变的。地球内部像一个巨大的核反应堆，一直在发生各种物理与化学反应。这些反应都会消耗质量。

虽然在强大的引力作用下，大气中大部分组成气体稳定地停留在地球表面，但氢气等依然可以逃逸至外太空，氦气也有所流失。

有失必有得，有得也有失。每年都有不少陨石、行星碎片坠落到地球上，还有大量宇宙尘埃被地球吸引。

除此之外，地球一直受到太阳辐射的影响。这在某种程度上也会增加地球的质量。当然，地球同时也在不停地向外辐射能量，其实各个星球都在向外辐射能量。地球上的人们就是通过这些辐射信号了解无垠、神秘而又充满了吸引力的宇宙。这种辐射也会在一定程度上减损地球的质量。

总之，地球的质量是一直在变化的。至于其总质量是在增加还是减少，目前尚无定论。

2-3

地球的“年龄”是如何确定的?

测量地球“体重”虽然不容易，但是用到的知识还相对简单。若要测量地球的“年龄”，就比较复杂了。年龄看不见摸不着，人们又是怎样通过科学手段得到准确答案的呢?

最初地球的“年龄”基本靠猜。其中最著名的是在1654年，英国有个天主教会的大主教，名为詹姆斯·乌雪（James Ussher），他对当时的资料进行了研究后得出结论：地球是在公元前4004年10月22日星期六下午6点诞生的。在后人看来，这个答案简直可笑，但在很长一段时间里，这个观点在宗教界占据了主导地位。当时大家普遍认为地球是很年轻的。

此后，科学家埃德蒙·哈雷提出了一个比较科学的办法。他认为，海洋中的盐是逐渐增加的，可以用整个海洋中盐的总量，除以盐每年增加的数量，便可得到地球的年龄。

也有人提出了其他方法，比如利用热量的耗散计算地球的年龄。当时人们已经知道地球一直在释放热量，如果知道这个热量的损耗速度，就能知道地球花了多长时间才降到当时的温度。法国著名博物学家布丰（Buffon）用这种方法测得地球自熔融状态冷却下来，至少需要75000年。

上述几种测量方法不可谓脑洞不大，但都难以让人信服。到19世纪末，不同科学家对地球年龄的估算差异已经非常大了，从几百万年到几十亿年，但谁都没有确切把握。进入20世纪，科学家们终于找到了一种可靠的方法

居里夫人

来测量地球的年龄。这种方法，既不是地质学方法，也不是古生物学方法，而是一种物理学方法，那就是通过元素衰变现象来进行测量。

1903 年，居里夫妇由于对放射性的研究与贝克勒尔（Becquerel）分享了诺贝尔物理学奖。之后，著名物理学家卢瑟福（Rutherford）发现，所有的放射性物质都有一种性质，就是每过一段时间，一定数量的放射性元素原子核数目衰变减少至原来数量的一半，这段时间被称为半衰期。这一周期非常稳定，可以用来测算物质的年龄。卢瑟福利用这一性质测量了几块铀矿物的年龄，得到的年龄都在 5 亿年以上，这大大超出了当时大部分人认为的地球年龄。

在此基础上，直至 20 世纪中期，人类才初步确定了地球的年龄。科学家们孜孜不倦地寻找最古老的岩石样本，美国地质学家帕特森（Patterson）测量陨石得出结论——地球的年龄约为 45.5 亿年，前后误差 7000 万年。

2-4
地球会像人一样变老甚至死亡吗?

前面简要介绍了地球年龄的确定。既然地球也有年龄，那么下面的问题就呼之欲出了：地球是不是也像人一样有生老病死？如果是，它还有多长的寿命呢？

宇宙之大、人类目前认知有限，以后会不会发生如通古斯大爆炸、陨石撞击地球等事件，谁也无法肯定。但人类的长期实践表明，任何事物都有萌芽、发展、鼎盛到最后衰亡的过程。作为宇宙的组成部分，地球也不能违背这个规律。太阳作为太阳系中心的恒星，对地球的生命、健康状态的影响至关重要。

根据研究，人们知道太阳的年龄约46亿年，而且正处于壮年的黄矮星阶段（黄矮星的寿命大致为100亿年）。当太阳衰老并濒临死亡时会变为红巨星，它会不断膨胀、吞噬周围的星体，甚至整个太阳系。即使地球逃过一劫，但没有阳光，仅靠内部核聚变提供的能量，地球上的生物也很难存活。那时的地球将是一颗死气沉沉、毫无生气的星球。

除了随太阳一起“正常死亡”，地球也可能会遇到一些“意外”。既然地球是宇宙中很小的一个组成部分，宇宙中发生的天文事件，都可能对地球产生巨大影响。其中有些事件可能促进生物进化，而另外一些则造成生物灭绝。地质历史上的寒武纪生命大爆发和恐龙大灭绝事件都是证明。

有关专家研究表明，地球上最近一次巨大的陨石撞击事件发生在78万

恒星爆炸的遗迹

年前，并预测下一次太阳系穿越银道面时可能产生的巨大陨石撞击事件应该在 3200 万年之后。届时，地球的岩石圈板块可能发生剧烈移动，造成大规模火山喷发和地震，进而引发气候巨变。撞击产生的高温，会摧毁附近的一切生物。不久之后，大爆炸形成的粉尘进入大气圈平流层遮蔽阳光，使幸存的植物因无法进行光合作用而灭绝，进而导致动物由于缺乏食物而大量死亡。此外，海平面也可能大幅度升降，严重冲击甚至毁灭全球各国沿海地区。

除了太阳陨灭、陨石撞击外，宇宙中其他任何小小的波动，都有可能对地球产生重大影响。

人类出现在地球上的时间非常短暂，对 50 亿年后可能发生的致命危险，我们暂时还没有好的对策，也没有能力去改变太阳的核聚变过程。也许，适时迁移到其他宜居行星上是一种不错的选择。

2–5

地球为什么是“圆”的？

当人们站在空旷的地方，放眼望去，的确会觉得自己与远方物体都在同一平面上。充满智慧的古希腊人通过观察远离港口的船帆发现了“蹊跷”：每当出港的帆船逐渐远离时，先消失的都是船身，最后消失的是船帆。同样，返港的船最先出现的是船帆，最后才是船身。由此，先哲们判定地球可能是有一定“弧度”的。

后来，人们从天文、物理等学科取得的成果逐渐证实：地球的确是“圆”的。其实，这个答案并不严谨，应该说地球是球体，而且是一个还算规整的球体。

不过且慢，珠穆朗玛峰和青藏高原平均海拔可有数千米啊！如此高耸崎岖，怎么能说地球是一个“还算规整”的球体呢？前面我们提到过地球体积为 1.08321×10^{12} 立方千米，相比于地球的大小，珠穆朗玛峰和青藏高原的海拔十分微小，人类更加渺小，我们的目光不可能把整个地球全部看到。视线所及之处，看到地面是平的，高山相对于地面是崎岖的，但从宏观的角度远远地看去，地球就是个规整的球体。

那地球为什么是“圆”的？背后的道理是什么？是引力！地球的巨大质量使其具有强大的万有引力，因此地球的形状为球形。引力作为一种有心力，在距引力中心距离相等时，引力的大小便相同，因此在地球强大的引力作用下，地球的形状就会逐渐呈球形。同时，地球也在进行自转，且

地球表面具有一定“弧度”

自转速度非常快，在赤道处为 465 米 / 秒。要知道 2009 年 8 月，牙买加短跑名将博尔特创造 9.58 秒百米短跑世界纪录时的平均速度也只有 10.44 米 / 秒。自转会提供一种抵抗引力的离心力，这种感觉就像我们在公园坐的旋转飞椅，随着固定中心柱旋转速度加快，飞椅逐渐升高。对于地球来说也是如此，地球的自转使其赤道变鼓而两极变扁，呈椭球状。

2–6

四季、昼夜，及年月日是怎么划分的?

一年之中为什么有春、夏、秋、冬四个季节？一天之内为什么有白天和黑夜的交替？一年之中为什么有 12 个月份？以上的划分是以什么为依据的呢？为了解决这些疑惑，我们来看一些关于昼夜、四季更替以及年月日划分的知识。听起来也许有些复杂，但只要大家跟着思路走，就会发现这些知识其实很简单，还很有趣！

大家都知道，地球每时每刻都在进行着自转和公转运动。自转是指地球自身旋转，而公转是指地球围绕太阳旋转。地球公转一周的时间为 365.2422 天，地球公转过程中，不同地区太阳直射的情况不同。当某地区被太阳直射的时候，天气就会变得很热，这就是夏天；而当太阳从该地区侧面照射过来的时候，天气就会变冷，这就是冬天。实际上，公历一年是 365 天，但由于地球公转一周的时间比公历一年的 365 天多了约 0.25 天，所以每四年就要加一天，这一天就加在了 2 月份，因此每四年的 2 月份为 29 天，这一年就称为闰年。年的划分就是根据地球绕太阳公转产生的四季交替现象形成的。

就像前面所说，地球除了围绕太阳公转外，还进行着自转。自转一周的时间是一天，也就是 24 小时。由于太阳光是直射的，这就造成地球上总有一面向着太阳而另一面背对着太阳。因此，面向太阳的地球一面就是白天，背向太阳的地球另一面就是晚上。比如中国北京和美国纽约，分别位于地球相背的两侧，所以当美国纽约是晚上时，中国北京就是白天。日的划分就是

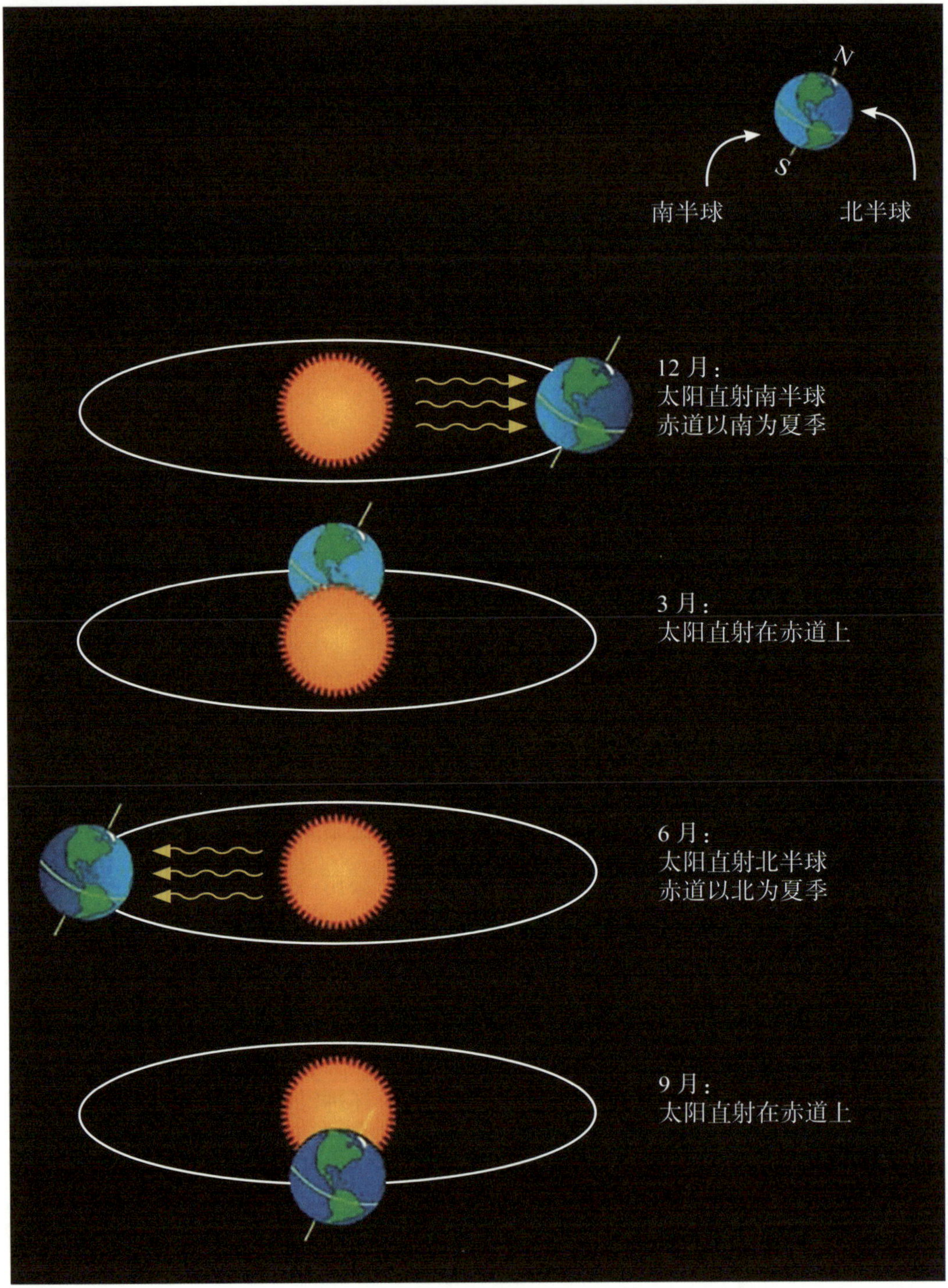

地球运动与四季划分的关系

这么形成的。

现在让我们再次回到地球的运动上。地球除了进行自转和公转之外，还有一个重要的运动与其相关，那就是月球围绕地球旋转。月球是离我们最近的天体，它自身不会发光，而是靠反射太阳光被我们看到。月球在围绕地球运行时，由于地球、月球、太阳三者的相互位置时刻都在发生变化，从地球上看去，有时太阳照亮月球的左侧，有时照亮月球的右侧，有时能够把月球面向地球的一侧完全照亮，而有时太阳照射不到的月球的黑暗一面向着地球，此时我们就看不到月球了。这就是为什么我们看到的月球会有阴晴圆缺的变化。

月球这种圆缺的一个完整变化周期被称为朔望月。朔望月的周期为 29.5306 天。而我国阴历的大月 30 天、小月 29 天，就是根据朔望月的周期确定的。这样，12 个朔望月构成汉历年，为 29.5306 天 ×12=354.3672 天，比回归年 365.2422 天少 10.88 天（即将近 11 天），每个月少 0.91 天（近 1 天）。因此，阴历在经历若干年后要加上一个月才能与回归年保持一致，此月即为闰月。从上述计算中可知，19 年中会有 7 次闰月。

所以啊，看似复杂的昼夜、四季更替和年月日划分其实都与地球的运动息息相关。通过学习这些知识，我们不仅可以更好地理解自然现象，还能对科学产生浓厚的兴趣。

2–7

日行八万里是怎样一种感受？

“坐地日行八万里[1]，巡天遥看一千河”是毛泽东主席《送瘟神》诗词里的一句，既富有浪漫的诗意，又蕴含着科学道理。

太阳系中地球和其他行星都围绕着太阳运动，但这些行星并不是在平面上围绕太阳旋转，而是呈螺旋形运动。这种螺旋轨迹是“追逐”形成的，月球“追着”地球转，地球“追着”太阳转，太阳系“追着”银河系转。

我们已经知道，地球自转一周的时间为一天，即 24 小时，地球赤道的周长约为 40000 千米，因此“坐地日行八万里”这个说法即为：赤道上一个静止的点一天的运动距离大约为 40000 千米。这就是说，在赤道即使我们坐着不动，也可以在一天内移动八万里。这个数字虽然很大，但是在宇宙的尺度下，还只是一个小小的数值。

为什么我们感受不到地球在高速旋转呢？我们不妨用日常生活中的实例进行思考：当我们乘坐汽车或火车时，会感觉到自己以一定的速度移动，那是因为我们以路旁的树木和建筑物为参考系。而当我们乘坐飞机时，进入平流层后，我们很难再找到参照物，因而即使是在飞机高速飞行的情况下，我们也感觉自己是静止不动的。相同的道理，当地球自转时，人和地球上所有

---

[1] 1 里 =500 米。

的事物都随着地球一起自转，没有参照物，自然感受不到“日行八万里”了。

这个现象告诉我们，不能只依靠感觉判断物体的运动，而要通过科学的方法探究宇宙的奥秘。通过毛主席的诗句，我们可以感受到，复杂的科学原理往往是从日常生活中得到的，因此我们要善于观察，留意身边的大小事物，说不定就会有惊人的发现呢！

2-8

地球上的螺旋结构是怎么来的?

玫瑰花是个螺旋体,蜗牛壳是个螺旋体,日常生活中我们见到过自然界中许许多多的螺旋结构,甚至连太阳系和银河系也是螺旋体。神奇的螺旋现象背后究竟隐藏了哪些奥秘呢?我们一起来探索。

我们需要了解的是,银河系、太阳系和地球上的螺旋结构都是由引力驱动形成的。太阳系作为一个巨大的螺旋体,绕着银河系中心旋转。这种旋转运动对于地球上的我们来说是隐形的,但它的影响却是深远的。地球上所有的物质,包括人类自己,都受到这种旋转运动的影响。

地球上存在着各种各样的螺旋结构,从飓风到细菌的旋转运动,再到螺旋形状的植物生长,比如玫瑰花。这些螺旋结构是怎么来的呢?答案是科里奥利效应。简单来说,科里奥利效应就是物体在运动时受到的偏向力,使物体在北半球向右偏,在南半球向左偏。如果你站在地球的北极,想要向南走,虽然你想要以直线距离由北向南走,但是由于地球自转偏向力的作用,你的行走路线会稍微向右偏斜,这就是科里奥利效应的体现。如下图所示,在厄瓜多尔赤道博物馆进行的偏向力实验,赤道以北,水呈逆时针旋转漏下;赤道以南,水呈顺时针旋转漏下;而在赤道上,水不发生旋转直接漏下。同样的道理,如果你在赤道上向北走,你会受到向左的偏向力。北半球的台风由低纬度向高纬度运动,所受偏向力朝东,因此所有台风都是逆时针旋转。

那么,为什么会有这种偏向力呢?想象一下,当你站在一个旋转的大

赤道两侧的偏向力实验
（郭友钊　摄）

圆盘上，从盘的中心向盘的边缘移动，由于从盘中心到盘边缘旋转的线速度是逐渐增大的，因此在向外移动时，惯性效应使我们保持缓慢运动，越往外走，脚下盘的转动速度越快，我们会感觉到自己在被推向与旋转运动相反的方向，从而形成一种偏向力。正是由于地球在自转过程中，不同纬度地区的自转线速度不同，赤道附近地区的自转线速度最快，而高纬度地区的自转线速度较慢，所以当你从赤道出发，向北或向南移动时，由于地球自转的速度发生变化，从而产生偏向力。

科里奥利效应是形成地球上各种各样神奇的螺旋运动和螺旋结构的关键因素。它使得大气、水流等自然现象呈现出螺旋形状，也让我们的生活中充满了各种有趣的螺旋现象。

神奇的螺旋现象

2-9

没有月球的守护，地球将会怎样？

月球是地球的天然卫星，如果月球消失了，地球将会怎样呢？在回答这个问题之前，我们可以先了解一下月球的存在对地球有什么影响。

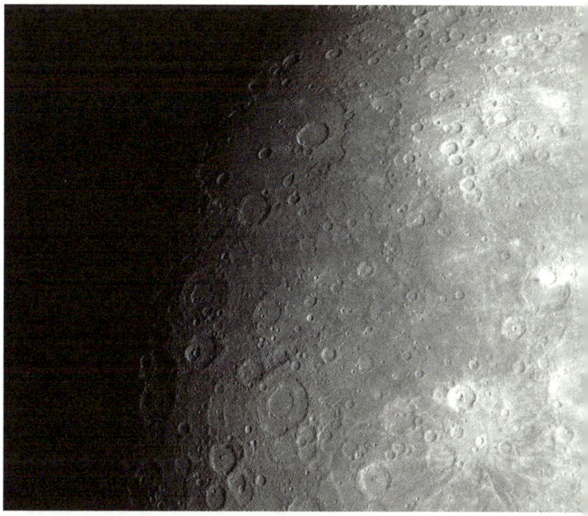

地球的天然卫星——月球

月球能反射太阳的光芒。在夜晚，月球是人眼能观测到的亮度最高的星体。皎洁的月光在电气时代之前为人们夜间出行提供了极大方便。不过需观察天体的天文学家可不这样想——即使在荒无人烟的野外，要观察遥远的星体，月光也是极大的困扰。月光在天文学家眼中几乎等同于人类造成的“光污染”。

当月球运行到地球与太阳之间时会形成日食。日食期间，月球遮挡了大部分太阳光，为人们提供宝贵的观察日冕的机会。1919 年，爱丁顿就是通过日全食证明了爱因斯坦广义相对论的正确性。

有研究表明，自月球出现以来，地球自转的速度是逐渐放慢的。地球在形成之初，自转周期为 10 小时，而现在已放慢至约 24 小时。月球在此过程中起到了“减速器”的作用。

地球和月球的转动，引发了地球上的潮汐现象，海洋的潮涨潮落就是最直观的证明。而月球是距离地球最近的天体，除了对潮汐影响显著外，对浅海生态也意义非凡。

月球在某种程度上可以对地球起到保护作用，使地球免遭一部分陨石、小行星的撞击。

在太阳、月球等天体的引力作用下，地球的地轴倾斜角约为23.5°。有了倾斜，地球上的不同地方才会随着地球围绕太阳的旋转迎来四季轮转。

月球是人类探索太空的“跳板”。目前，月球是人类凭自己努力登上的唯一地外星体。

月球不同的反光情况（即月相）激发了人类无穷的想象力，人们创作了大量以月球为主题的文学作品。

没有了月球，夜空中只有闪烁的星辰，在夜间赶路的人们只能在暗淡星光下踯躅前行，不过天文学家们可以更方便地观察深空天体；没有了月球，人们就少了观察日冕的机会；没有了月球，地球自转的周期有可能会逐渐缩短；没有了月球，潮汐就会大大减弱，全球海平面会趋于一致，一些高纬度的城市和浅海地带（如红树林栖息地）可能会被海水淹没；没有了月球，地球遭受小行星撞击的可能性就会增加；没有了月球，人类探索太空就会更加艰难；没有了月球，就没有了“对影成三人”的佳句，中秋佳节时，即使家人团聚，有再可口的美食、再香醇的清茶，没有了月球，也难免美中不足。

2-10

月球会远离地球吗?

每当夜晚，人们仰望星空时，看到一轮皓月——这颗地球唯一的天然卫星，可能会有一种“幸好地球有这么一个伴儿”的感慨。前面我们介绍了月球的存在对于地球而言有诸多意义，没有月球，地球将会发生许多不同的变化。可以说地球“离不开”月球。其实，月球是在以每年约3.8厘米的速度“逃离”地球的控制的。这是为什么呢?

月球与地球之间的距离是时刻变化的，因为月球绕地球运动的轨迹不是正圆形，而是椭圆形，有点像鸡蛋的形状。因此，“地月距离约为38万千米”的说法取的是平均值。

任何物体都有抵抗运动状态被改变的性质，这种性质叫作惯性。做圆周运动的物体受力状态是时刻改变的，总有逃逸的趋势，也就是离开原有轨道向着切线方向笔直地飞出去。就好像有朝向远离圆心的方向的力拉着物体，这个力被称为离心力。

围着地球转的月球也有远离地球的趋势，但它受到的离心力刚好与地球对它的万有引力相平衡，所以它一直待在轨道上。

现在，月球围绕地球公转一周需要约27.3天。但是28亿年前，月球离地球比现在近得多，它绕地球公转一周所需要的时间也短得多。有科学家认为，在46亿年前，地球和月球形成之初，月球围绕地球旋转一周只要7天时间。如果当时有人在地球上生活，他看到的月球要比现在大得多。

地月系统

月球会引发地球上的潮汐现象，因白天为朝，夜晚为夕，所以把白天出现的海水涨落称为“潮”，夜晚出现的海水涨落称为“汐”。作用总是相对的，潮汐将月球拉向地球，但因地球的自转，这种吸引力中的一部分又使月球远离地球。加之月球的自转，在各种引力作用之下，月球的公转轨道逐渐增大。

虽然每年 3.8 厘米的变化是非常微小的，但是日积月累，几百万年以后，月球也许会最终脱离地球的引力场，进入绕太阳运转的轨道，但这种情况出现的可能性很小。

第3章 透视地球

3-1

地球的内部结构和熟鸡蛋一样吗？

人类一直对地下世界充满好奇。

早在1692年，英国天文学家埃德蒙·哈雷就提出“地球空心论”，认为地球是由多个空心球体嵌套而成的，且不同空心球体之间存在适合生命体生存的空隙，球体之间则通过秘密通道相互连通，人类可通过这些神秘通道进入地球中心位置。

自那以后，地球空心论在全球范围内出现了不少支持者。一些科学家为证实这一理论，还进行了多次实验。

实际上，在相当长一段历史时期内，人类对地球的认识更多地局限于固体地球表面的水圈、生物圈和大气圈，对于地球内部到底是空心的还是实心的，即对地球的内部结构这类问题，则知之甚少。

那么地球究竟是实心的还是空心的？其中心到底有什么？其内部结构如何？

前文已介绍过，地球的总质量为 5.97237×10^{24} 千克，体积为 1.08321×10^{12} 立方千米，那么地球的平均密度约为 5.51×10^{3} 千克/立方千米。如果仅从地球表面组成物质的密度看，地球质量无论如何也不会这么大。为此，英国学者西蒙·雷德费恩（Simon Redfern）表示：地球表面组成物质的密度，远低于全部地球物质的平均密度。也就是说，地球内部存在高密度物质。根据地震波数据推算，地球中心物质密度是表层物质的4倍多。高精度的北

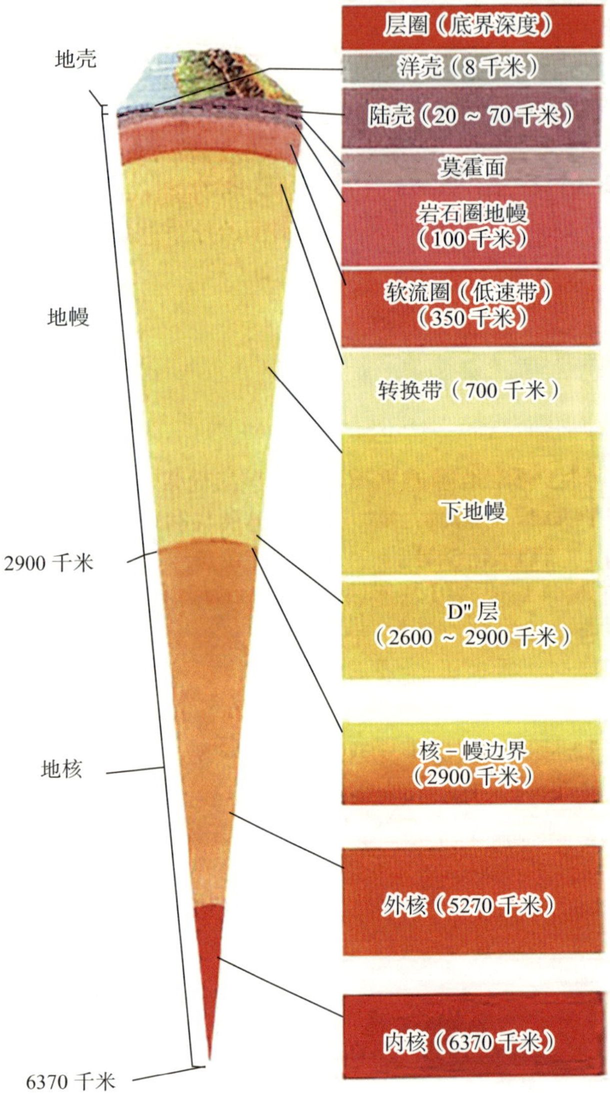

固体地球的层圈构造

冰洋冰下地形图显示，北极并不存在通往地下通道的大型孔洞。

目前，“地球是实心的”是地质学界的共识，而且科学家利用地震波在不同物质内弹性参数不一的原理，得出地球由外而内分别由地壳、地幔和地核组成。这种结构与熟鸡蛋类似，就像熟鸡蛋的蛋壳、蛋白和蛋黄一样，但这三层的分界并不像熟鸡蛋那样分明。

地壳，可分为洋壳和陆壳。其中洋壳较薄，最薄处位于大洋深处；陆壳较厚，最厚处位于青藏高原一带。

地幔，主要由固态物质组成，约占固体地球总体积的83%，厚约2900千米，可分为上地幔和下地幔。其中上地幔上部有一个厚约350千米的软流圈，它是由可塑性的固体与少量流体物质组成的混合体。当软流圈局部温度增高，或因地壳运动导致上部压力降低时，这部分软流圈内的物质便以岩浆形式向上移动，甚至喷出地表成为火山。目前，地球上还有很多活火山。地壳和软流圈之上的固体地幔合并组成刚性的岩石圈，软流圈之下是由高温、高压物质组成的下地幔。

地核，分为外核和内核。其中外核因温度极高而呈液态，内核因处于超高温、超高压状态而呈固态。在如此超高温、超高压的极端环境下，地球深部不可能出现体量很大的空洞或洞穴，正常情况下也绝不会出现生物生存的空间。

要准确认识地球，就必须了解其内部结构。地表发生的一切，基本上都能在地球深部找到答案。相信未来随着科学技术的进一步发展，人类对地球的认识也必将更上一层楼。

3-2

人类能钻穿地球吗?

目前，人类对地球内部的认识还远远不够，那里有各种未解之谜，吸引着人们不断探索。

人类想要对地表之下的情况有直观了解，主要是通过坑探和钻探来实现。坑探，顾名思义，是用挖坑方式观察地层的地质情况。钻探是利用深部钻探的机械工程技术，通过开采地底或者海底自然资源，或者采取地层的剖面实况，撷取实体样本，进行实验以取得相关数据资料等。科学超深钻探，是人类获取地球内部各种信息的最直接、最可靠的方法，这种技术被誉为人类的“入地望远镜”和地球内部物质的“采样器”，如下图，有了这一利器，人们又忍不住异想天开——地球能钻穿吗?

如果将来真的能够钻穿地球，在面临巨大危机时，人们就可能实现电影《流浪地球》中展现的那样——躲入地下。

目前世界上垂向深度最深的钻井科拉超深钻井位于俄罗斯，其垂直钻探深度达 12262 米，但这一深度也不足地球平均直径的千分之一。

从目前人类的探索来看，“上天”比“入地”要容易。首先，通过地球物理勘探人们已经了解到地球内部是不均匀的。越靠近地心或越往地下深处，压力越大，物质密度越高。在此高压环境下，就连宇宙中含量最高、质量最轻的气体——氢气，都会转变为高密度、具导电性的金属氢。其次，越

中国大陆科学钻探

往地下深处温度越高，地核温度可达6000多摄氏度，而目前已发现最耐高温的材料是金属钨，其熔化温度也刚刚超过3000摄氏度。最后，在未明确掌握地球内部情况时进行钻探会产生巨大风险，如打破地壳—地幔界面的压力平衡等，有可能形成一个火山口，造成意想不到的后果。

3-3

地球中什么元素最丰富?

打开元素周期表，仔细看看就可以发现，有些元素被标注了“*”，有些则没有。有“*”的是人造元素；没有的则是自然元素。要回答“地球中什么元素最丰富”这个问题，要从这些自然元素中找答案。

说到丰富，这种元素至少应该满足两个条件：一是恒星能大量产生，二是可以在地球上大量留存。

氧的原子序数为 8，相对原子质量为 16.00，是ⅥA 族元素，具有较强的氧化性，几乎能与其他所有元素发生反应。按质量计算，氧在宇宙中的含量仅次于氢和氦；在地壳中，氧是含量最丰富的元素。

如果人们能像电影《地心历险记》中演的那样，亲自到地球内部走一走、看一看就好了。但这是天方夜谭，因为地核温度高达 4000 ~ 6800 摄氏度，以人类目前掌握的技术手段，无法承受这样的高温。因无法亲自探测，目前科学家还只能依靠地震波来探索地球内部的各种奥秘。通过收集、整理全球的地震数据，科学家分析后认为，地球内部并不都是固体状态，反而是熔融状态的金属占比较大，目前人们普遍认为铁元素是地核和地幔中分布最多的元素。

即便放眼到宇宙层面，铁元素依然是十大常见元素之一。有一种观点认为，铁是核反应的终极产物，想要把氢与氦聚变为铁，只需要一颗像太阳这样的恒星就可以了。换言之，任何像太阳这样的恒星都能“制造”铁。

美国巴林杰陨石坑中的铁陨石

科学家认为，在地球早期形成的时候，大量铁元素沉降到地球中心形成了地核。所以，地球的主要成分应当是铁，正如散落地表的陨石也大多是铁陨石一样。

越来越多的证据表明，构成地球内核的除了铁元素以外，还有大约 10% 的镍、金和铂族元素，当然还有大量的放射性元素。地球内核的超高温，和这些放射性元素有密切的关系：放射性元素释放出大量热能，维持并稳定了地核的高温。

3-4

什么是地震？地震是怎么产生的？

自地球诞生以来，其近地表的运动一直在持续。别看运动的速度慢，其力量可是非常强大的。地震就是地球运动的一种，它能让地球的地貌发生显著改变。

那么，地震到底是什么呢？它又是怎样产生的呢？

地震是地壳快速释放能量过程中产生的震动并同时产生地震波的一种自然现象。地震具有突发性、多发性、瞬时性、次生性等特点，它对人类社会具有很大的危害，是人类社会面临的一种重大自然灾害。

了解地震的概念后，我们再来看它的发生机制。目前关于地震发生机制的学说中，被广泛接受的理论是弹性回跳说。这个理论是1910年美国地震学家H.F. Reid在对美国旧金山特大地震（1906年发生）进行深入研究后提出的。根据这个理论描述，地震是由于断层两边的岩石相对错动而产生的。当地壳内部的应力积累到一定程度时，地壳会突然断裂或滑动，释放出大量的能量，产生地震波，从而造成了地表的震动和形变。

弹性回跳说能够很好地解释大地震前后观测到的地表形变以及地震波引起的地表振动。此外，火山喷发、地下水溶解岩石或人工采挖等其他原因也可能引发地震。除了弹性回跳说，还有其他一些理论可以解释地震的发生机制。其中一种是黏滑说，该学说认为断层面因为摩擦阻力不均一，断层面之间表现为黏结与滑动交错进行，而某一瞬间黏结在一起的断层面突然发生滑动，释放能量产生地震。另外一种是岩石破裂说，该学说认为地震是由于地下岩石的破裂而产生的。以上理论都在一定程度上解释了地震的发生机制，但它们都还需要进一步的研究和验证。

总之，地震是一种复杂的自然现象，其发生机制涉及地球内部物理、化学和地质学的多个方面。科学家通过多种方法研究地震的发生机制，不仅有助于我们更好地了解地震的发生机制，也可以帮助我们更好地预测和防范地震灾害。

3–5

什么是地震波？

地震是地球内部构造运动的表现。地震波是地震时产生的弹性波，从地震震源发出，并在地球中传播，地震波可以穿透整个地球。地震波可以在地球表面被地震仪检测、接收并记录。根据这些信息结合相关的地球科学知识，人们可以推算出地下的结构、成分及性质。

1911 年，美国地震学家 H.F. Reid 提出了里德地震断层说，即我们前面解释的弹性回跳理论。打个比方，当我们掰一根木棍时，轻轻用力木棍会逐渐变形，而当所用的力超过木棍的承受极限时，木棍就会被折断。地球内部的脆性破裂与此原理相同，发生脆性破裂时，断层能量以断层滑动的方式释放，形成地震波。

世界上第一架检测地震的仪器，是东汉时期我国科学家张衡于公元 132 年发明的候风地动仪，现代第一台精确的地震仪是由英国地理学家约翰 · 米尔恩借鉴了候风地动仪原理之后于 1880 年发明。科学技术高速发展的今天，检测地震的仪器设计的越来越精密。当地震发生时，地面会动，而摆由于自身的惯性保持静止，因此摆与地面之间会发生相对位移，科学家通过以上信息研究并记录地震波。常见的地震仪由一个金属体里放三个分量的摆组成，这三个分量分别是水平的东西分量、南北分量与垂向分量。

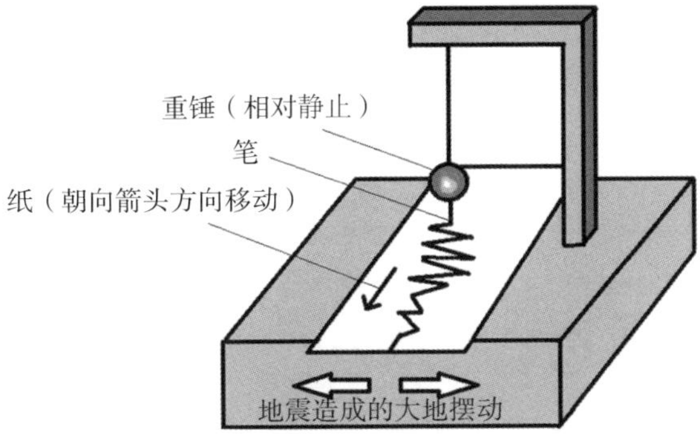

地震仪原理示意图

为了更好地研究和利用地震波，世界各地根据需求布设了大量的地震台站，用于记录地震波。这些地震台站不仅提供了丰富的研究数据，而且通过精密的地震波分析，科学家可以绘制出详细的地球内部结构图，这对于人类了解地球的演化历史、预测地震风险以及开发地下资源等都具有重要的意义。随着科技的不断发展，我们相信未来对于地震波的研究和应用还会有更多的突破。

3-6

地球可以“做 CT”吗?

人类想对地球内部结构进行精密的探索，就如同医生利用 CT[1]检测仪观察病人的体内器官一样，我们也希望通过特定的方式看到地球的内部，换句话说，地球可以“做 CT”吗?

为了了解地球内部的真实情况，除了直接研究通过钻井取得的岩芯样品外，我们还可以间接地利用地震波进行观测，地震波相当于 CT 检测仪的射线束，地震波在地震发生时会沿着地球表面和地球内部进行传播。根据地震波传播速度，我们可以了解地球内部的地质构造与温度分布。利用地震波给地球“做 CT”需要采用震源激发地震波，并利用接收装置接收地震波。

常用的非炸药震源包括气枪和电火花震源。气枪震源通过在水中突然释放高压空气激发地震波，而电火花震源则利用多组高压电极在水中的放电效应造成振动激发地震波。

接收装置主要使用压电陶瓷水听器，在水中接收地震波。水听器在受到外部压力时可将其转换成电信号回传记录系统，将一定数量的检波器按一定间距组成一个地震记录道接收段，置于塑料管内并充注油液，使之在海水中具有浮力。地震记录系统则对接收到的信号，经过滤波、放大和模数转换后记录于计算机，然后通过采集软件实现实时成像。

---

❶ CT, Computed Tomography, 即电子计算机断层扫描。

3-7

地震波的用途有哪些?

地震波除了可以帮助人类了解地球内部的地质构造与温度分布外，还可以帮助我们研究地球的磁场和重力场。地球的磁场是由地球内部的液态外核中的电流产生的，而重力场则是由地球内部的物质分布决定的。通过测量地震波在地球内部的传播速度和方向，可以推断出地球内部的物质分布和运动情况，进而推断出地球的磁场和重力场特征。

此外，地震波还可以帮助我们研究地球的板块构造和地壳运动。地震波在穿过地球内部的岩石圈时，会受到不同的影响并产生反射。通过炸药爆炸或可控震源振动等人工源产生的地震波，引起地壳振动，通过检波器收集这些地震波的信号，再通过观测和分析局部地区或小尺度区域的人工激发地震波的响应，来推断地下岩层的性质和形态。

地震波还可用来检测火山爆发和进行军事侦察等。地震学家通过对火山地区的长期地震连续记录进行分析，发现火山喷发前通常会存在明显的地震波速降低的现象。由此判断这可能是由于火山区下方的筑积物在喷发之前膨胀，导致岩浆压力增大所致。地震波还可以用来监测核爆炸，地下核爆炸同天然地震一样也会产生地震波，但地下核爆炸和天然地震的记录波形存在一定的差异。因此，根据地下核爆炸的波形不仅可以将其与天然地震区分开来，而且可以给出其发生时刻、位置、当量等重要信息。

人工激发地震波进行地质勘探

3-8

地震的强度是如何划分的?

地震强度的级别通常依据地震震级或地震烈度进行划分，同时还依据震源深度等因素。地震震级根据地震时释放的能量多少划分，释放的能量越多，震级就越高。地震震级的划分标准多样，如里氏震级（M_L）、面波震级（M_S）、矩震级（M_W）和体波震级（M_b）等，国际通用的最早地震震级划分标准是里氏震级。里氏震级共分为 9 级：$M_L < 3$ 为微地震；$3 \leqslant M_L < 4.5$ 为有感地震；$4.5 \leqslant M_L < 6$ 为中强地震；$6 \leqslant M_L < 7$ 为强地震；$7 \leqslant M_L < 8$ 为大地震；$M_L \geqslant 8$ 为巨大地震，比如汶川大地震。随着地震学研究的深入，全球震级的划分标准逐渐向具有能量释放大小为准的矩震级靠拢。全球仪器记录到的最大震级，为 1960 年发生于板块边界上的智利大地震，矩震级为 9.5 级，2008 年我国四川汶川发生的大地震的矩震级为 8.3 级。

地震烈度是指地震引起的地面震动及其影响的强弱程度。我国依据人的感觉、房屋震害程度、其他震害现象等指标将地震烈度分为 12 个等级，分别用罗马字母Ⅰ、Ⅱ、Ⅲ、Ⅳ、Ⅴ、Ⅵ、Ⅶ、Ⅷ、Ⅸ、Ⅹ、Ⅺ、Ⅻ表示。其中Ⅰ级地震烈度最轻，几乎没有震害现象发生；Ⅻ级地震烈度最高，在这个地震烈度下，房屋会被严重毁坏。

按震源深度划分地震强度级别：震源深度为 0 ～ 70 千米属于浅源地震；

震源深度为 70 ～ 300 千米属于中源地震；震源深度为 300 ～ 720 千米属于深源地震。

综上所述，地震强度级别依据不同的标准和方法划分，级别划分可以衡量地震本身的大小和破坏程度。通过对地震强度的划分，可以更好地了解地震的特点和影响，为防灾减灾提供科学依据。

3–9

地震能够预测吗?

地震对人类的生命及财产安全造成了极大威胁，那么能否对地震进行预测来减少损失呢？这一直是科技人员在不停探索的问题。

我国先民很早注意到这种来自大地深处的震动并进行记载。最早的记载见于《竹书纪年》。书中记载了公元前 1831 年、公元前 1767 年和公元前 1189 年发生在现今山东、河南、陕西等地的地震。

除了记载，先民也尝试进行地震监测。前面提到的东汉时期发明家张衡，建造了一台名叫候风地动仪的地震监测设备。候风地动仪主体的形状类似现在的酒瓮，主体内部中心位置立有一根铜柱，铜柱通过杠杆与外部均匀

地动仪复原图

分布的八条龙相连；龙口各含铜球一个，龙头下方各放置一个张口向上的铜蛙。地震发生时，地动仪内部的机关被触发，龙口张开，铜球便落入铜蛙口中并发出声音。这样，监测的人就知道地震发生的时间和方向。显然，候风地动仪只是地震监测设备，是一台验震仪，并不能提前预报地震。

地震之所以如此难以预测，归根结底是因为岩石圈板块的运动规律太过复杂，远超人类目前关于地球的认知。目前，国际普遍承认的成功的地震预测是 1975 年 2 月发生在我国辽宁海城的地震。此次地震成功进行了临震预报，有效地减少了人员伤亡。多年来，几乎所有科技强国都在大力研究地震的预报工作，但地震预报仍处于科学探索过程中。我国提出了长期、中期、短期临震预报的渐进式预报思路，已取得包括海城地震在内的多次成功预报经验，但从理论到实践仍有很长的路要走。自 2008 年汶川地震后，我国科学家经过长期准备，于近年正式启动了中国地震科学实验场的建设工作，以期在地震多发地区开展地震预报的实践工作。

尽管地震难以预测，但学习地震的相关知识，掌握地震来临前的主要征兆，采取必要的应急措施，加强地震防护知识学习，可以将地震伤害降到最低。

3-10

地震来了，该如何避险？

地震具有突发性、破坏性等特点，因此难以预测。假如地震来临，我们应该怎么做才能将伤害降到最低呢？是快速逃跑还是找地方躲起来？这需要依据我们当时所处的环境而定。

如果身处容易逃离至安全地带的场所，比如周围有大片空地的平房等，此时应迅速抱住头部或用其他坚硬物品保护头部，避开高大建筑物和高压电线等危险建筑设施，迅速奔跑至空旷地带。如果地震发生时，身处野外，此时应尽量避免站在山崖或陡坡附近，以防地面崩塌，一旦发现山体出现滑坡或者有滚石坠落等现象，应立即朝垂直于滚石前进方向的两侧山坡或坚固的高地奔跑，切勿在山沟山谷底部停留。

如果地震发生时，身处人群密集场所，例如楼房住宅、学校、商场等，处在低楼层且时间允许的情况下，应避免慌乱和拥挤，有序下楼逃至安全地带；所处楼层较高且时间紧急的情况下，绝对不要搭乘电梯或从高楼跳下，应马上关闭所有火源、煤气和电源开关，迅速察看周围摆设，找到坚固的遮挡物进行躲避，尽量将身体蜷缩以减少受伤害面积，注意躲避过程中远离门窗、阳台等危险区域，直至震动完全结束后，再迅速撤离。

假如不幸在地震中被埋压，比起盲目的行动或大喊大叫，此时更需要我们保持冷静，节约体力，设法自己脱险，尽量移开自己身上的重物，找到一个安全的角落，同时寻找水源和食物来维持生命所需。可以通过敲击石块、砖头等来向外界传递求救信号。

一般来说，就近躲避并在震后迅速撤离至开阔的地方可能是应急避震较好的办法。虽然地震是难以预测的自然灾害，但我们可以通过了解和掌握相关的应急避震知识来采取正确措施保护自己。同时也要向身边的人宣传地震知识，普及防灾意识，共同建设安全家园。

第4章

从圈层作用看地貌和土壤

4-1

大陆漂移学说和海底扩张学说有着怎样曲折的动人故事？

目前，大陆漂移学说、海底扩张学说和板块构造学说已经深入人心，但前两者的提出及最终形成，坎坷磨难多多，经历了一个漫长的萌芽、发展、争论并最终被人们所接受的过程。

1620 年，英国文艺复兴时期散文家和哲学家弗朗西斯·培根（Francis Bacon，1561—1626 年），最早注意到并提出西半球的南、北美洲曾经与欧洲和非洲连在一起的可能性。1668 年，法国的 R.P.F. 普拉赛认为，在“大洪水”以前，美洲与地球的其他部分是连在一起的。到 19 世纪末，奥地利地质学家修斯（Eduard Suess，1831—1914 年）也有了类似看法。

1910 年的一天，德国地球物理学家阿尔弗雷德·魏格纳（Alfred Lother Wegener，1880—1930 年）躺在病床上休息，看着墙上的一幅世界地图，他注意到非洲与南美洲大陆边缘轮廓相似，推测它们原本是

病床上的魏格纳发现非洲与南美洲大陆的轮廓相似

一个整体。经过研究，魏格纳于 1912 年提出了大陆漂移学说，并在 1915 年出版的《海陆的起源》中进行了系统论证。

魏格纳认为，地球自转会产生两种分力——向西漂移的潮汐力和指向赤道的离极力。相对较轻的刚性硅铝质大陆漂浮在较重的黏性硅镁质洋底之上，由于潮汐力和离极力的作用使泛大陆破裂并与硅镁层分离，而向西、向赤道做大规模的水平漂移。

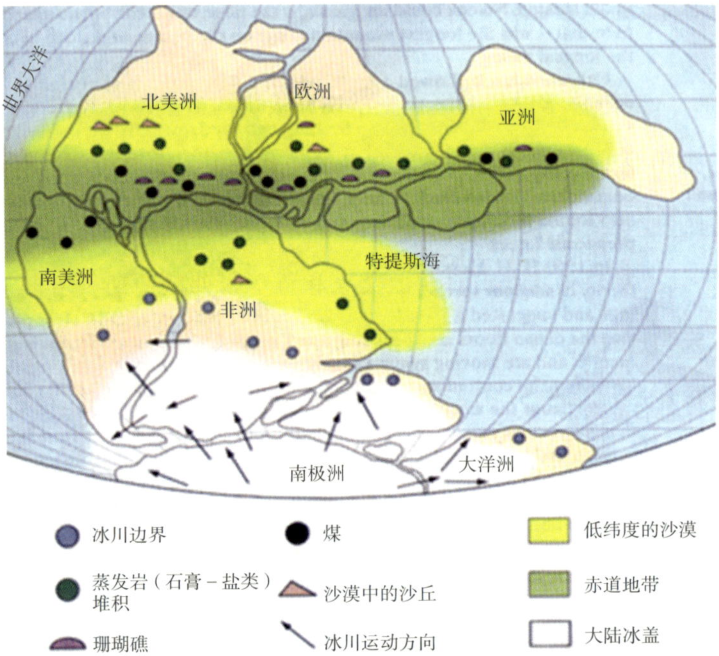

魏格纳编制的各大洲漂移示意图

但魏格纳提出的两种作用力，经过计算都太微小，根本不足以驱使大陆板块的运移。由于他无法回答大陆漂移、离散的速度等动力学机制问题，国际地质科学联合会在全体会议上进行表决时，绝大多数地质学家与地球物理学家对他的假说都投了反对票。所以，在第二次世界大战之前，基本上没人相信大陆会漂移的说法。

“二战”期间，地球物理学家哈雷·赫斯（Harry Hess）加入美国海军，在巡洋舰上担任海洋声呐探测仪操作员兼气象预报员。在此过程中，他发现当从大西洋两岸向大洋中心航行时，起初海水都是逐渐加深的，但到大洋中部后，海水却变得很浅，且散布着一些以玄武岩为主所组成的小岛。这一现象激发了他极大的兴趣，但却百思不得其解。战争结束后，赫斯回到大学继续任教。

20 世纪 50 年代，国际上开展了洋底地形调查。美国海军部找到已经在普林斯顿大学担任教职的赫斯，请他来组织实施此项海洋调查工作。经过大量的策划、准备，赫斯制定了综合海洋地球科学考察的内容：测量海洋深度，进行重力、磁力、海水温度和洋流速度等测量；对海水和洋底岩石采样并进行化学成分分析和同位素年代测定，编制洋底等深线图等。

经过艰苦努力，赫斯及其团队成功进行了全球第一次最高水平的海洋地球物理、地球化学和地质调查，获得了大量第一手海洋和洋底的各种资料。最终让全人类认识到，在大西洋中部、太平洋东部、印度洋中部和环南极洲一带，都存在大洋中脊的扩张带。此外，他们还在大洋中发现了约 100 座平顶山。

通过对洋底岩石样品的测定、分析和研究发现：洋中脊附近玄武岩的形成年龄最新，离洋中脊越远岩石年龄越老，证明各大洋都在扩张之中。于是，赫斯等人首先提出了海底扩张学说，1962 年，赫斯发表了著名的论文《大洋盆地历史》。在序言中赫斯戏称该学说为“地球的诗篇”，他认为可能要经过很长的时间方能证实。但海底扩张学说一经提出引起了巨大反响，短短四五年内海底扩张学说就得到了证实，为板块构造学说的创立打下了坚实的基础。

4-2

板块构造学说是如何兴起的？

得益于海洋地球物理和海洋地质调查的研究成果，科学家们终于发现并相信，全球各大洋确实都在以一定的速度扩张。由于扩张速度不同，扩张带上出现了转换断层。几乎与此同时，地球物理学家毕乌夫（Hugo Benioff，1899—1968 年）通过地震学研究发现：扩张后的大洋板块，可以俯冲到大陆板块之下数百米深处。于是，这种俯冲带就被称为“毕乌夫带”（现称贝尼奥夫带），如下图。地球表层既有扩张（即分离）的地方，又有向下汇聚、碰撞和俯冲的部分，这样全球就可以基本保持一种动态平衡。大洋扩张带和俯冲带之间相对稳定的地球坚硬表层，被命名为板块。如此一来，以上述俯冲带和大洋扩张带为界线来划分全球不同的板块，也就成为顺理成章的事情了。

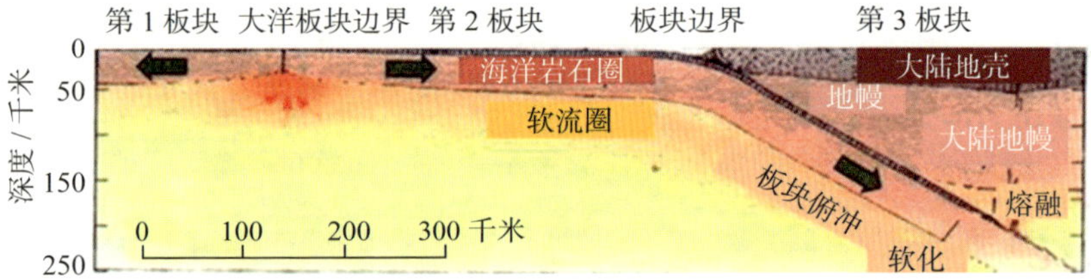

板块俯冲带（毕乌夫带）示意图

于是，在 20 世纪 60 年代后期，威尔逊（J.T. Wilson）、勒比雄（X. Le Pichon）、麦肯齐（D. P. Mckenzie）和摩根（W. J. Morgan）等多位欧美学者，

几乎同时提出了十分相似的现代全球板块划分方案。

可以这样说，板块构造学说是大陆漂移和海底扩张两个学说的集大成者及自然延伸，并切实奠定了岩石圈板块构造学说的基础。该学说受大洋中脊张裂的启发，认为从海洋到大陆均可发生水平位移；后来又进一步认识到，岩石圈板块是在具有流变性质的上地幔软流圈之上运移的。1968 年，法国勒比雄根据地震带、地形和地质方面的资料将全球划分为六大板块：太平洋板块、欧亚板块、印度洋板块（亦称大洋洲板块）、非洲板块、美洲板块和南极洲板块。除太平洋板块全部淹没在海洋之下外，其他板块都是既有陆壳，也有洋壳。

1968 年，美国科学家 B.L. 艾萨克斯、J. 奥利弗和 L.R. 赛克斯等，又进一步阐述了地震与板块活动之间的联系，并将这一理论称作“新全球构造”。次年，麦肯齐和摩根正式将上述新学说命名为板块构造学说，并从此广为流传，成为改变全球观念的地学革命。

20 世纪 70 年代以来，作为欧美地球科学家们集体创新的重大成果，板块构造学说逐渐渗透到地球科学的各个领域，最后成为一统地学天下且唯一被全球所有地质学家所接受的理论。

4-3

地球现今的海陆格局是怎么形成的？它们的位置还会变化吗？

众所周知，现今地球上分布着七大洲和四大洋。七大洲是指北美洲、南美洲、非洲、欧洲、亚洲、大洋洲和南极洲。四大洋是指大西洋、印度洋、太平洋和北冰洋。那么，大家不禁疑惑，现今地球的海陆格局是怎么形成的呢？

我们的地球形成于大约46亿年前。在漫长的演化历史中，地球的海陆格局一直在变化，海陆变迁是由板块运动造成的。板块构造学说认为，地球的表面不是一个整体，而是由若干个板块拼合而成，并且板块在不断地运动。一般来说，板块内部相对稳定，板块与板块之间会发生离散或者汇聚。同时，每过数亿年，地球上就会出现一个超级大陆。其中，潘基亚大陆是距今时间最近的一个超级大陆，大约形成在距今2.5亿年前，之后大陆开始裂解，并发生规模巨大的水平移动，潘基亚大陆分裂成若干个板块，当两个板块逐渐分离时，在分离处即可出现新的凹地和海洋。在漫长的历程中，板块之间的距离越来越远，并逐渐发展成现代的印度洋、大西洋等；而大陆则是由不同的板块不断发生漂移、挤压、碰撞、拼合和增生演化形成的，并最终形成了现今各大洲和各大洋的分布格局。

那现今地球的海陆分布格局还会变化吗？

2.5 亿年前

1.35 亿年前

6500 万年前

今日地球

2.5 亿年以来的大陆漂移

答案是肯定的！据地质学家估计，板块以每年 1 ~ 16 厘米的速度移动。板块移动的速度虽然缓慢，但若干年后，地球的海陆面貌也会发生巨大的变化。根据最新的全球定位系统 GPS 观测结果，人们发现欧洲和北美洲正在缓慢地远离；几百年后，大洋洲将离欧洲和非洲更远，而大西洋会变得更宽。可想而知，目前的这种状况一直持续下去，大西洋会不断扩大，直到最后可能比现在的太平洋还要大。非洲将会朝北向欧洲方向推进，地中海将会消失，进而可能隆起成一座新的山脉。

总之，地球现今的海陆格局是由板块运动的结果，未来地球会变得跟现在完全不一样！

4-4

山脉是如何形成的?

地球，宇宙中独一无二的蔚蓝星球，充满能量与活力。自形成开始，地球一刻不停地运动着、变化着，直至今日从未停止。地表纵横的山脉，便是它亿万年来地质运动的杰作。地质学家们把海拔 500 米以上、地形相对高度大于 200 米者称为山，如泰山、华山、喜马拉雅山等。山脉是沿着一定方向作线状延伸的山地，常包含由若干条山岭和山谷组成的山体，如天山山脉、祁连山脉、太行山脉等。

地球表面绝大多数的高大山脉是通过板块运动形成的，它们并非如“愚公移山”那样，积少成多地“迁移”，而是轰轰烈烈地“改造”。我们知道，地壳由漂浮在软流圈上的洋壳和陆壳组成，它们在地球内部能量驱动下遵循一定的物理规律运动，据此，山脉形成的主要方式有以下几种。

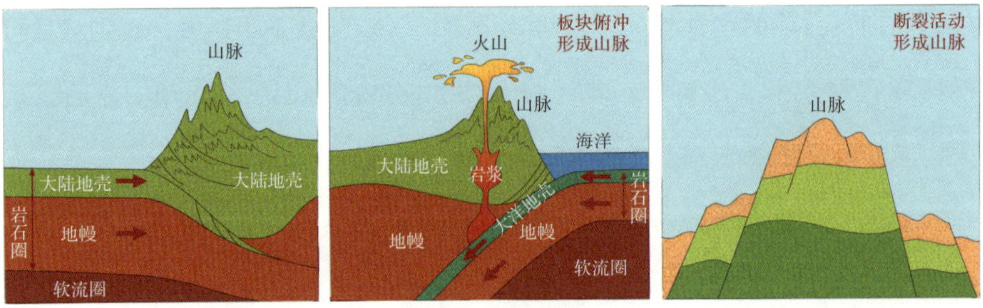

板块碰撞形成山脉　　板块俯冲形成山脉　　断裂活动形成山脉

山脉形成的主要方式

第一种方式为板块碰撞形成山脉。两个刚性的板块相向运动，二者终会相遇，于是碰撞、挤压、隆起，山脉随之产生，如天山山脉、秦岭等。

第二种方式为板块俯冲形成山脉。陆壳和洋壳相向运动，“体重”较大的洋壳会俯冲到陆壳之下，地下深处的物质不断被挤压隆起，如落基山脉和安第斯山脉，就是太平洋板块俯冲到美洲板块下方，形成沿美洲大陆分布两条规模巨大的山脉。陆壳和洋壳相向运动还会产生一种成山模式，即巨大的刚性块体碰撞，使得部分岩石熔融形成岩浆，岩浆沿构造薄弱部位上侵形成火山；若两个板块做相反方向的运动，在板块互相分离过程中，当断裂下陷，会形成大裂谷。而由于板块的张裂，地下的岩浆可从断裂带上涌，有时也会发生火山喷发，从火山中喷发出来的大量物质同样会堆积成山，如非洲最高山脉——乞力马扎罗山，如夏威夷岛。

第三种方式为断裂活动形成山脉。如太行山、大兴安岭等。当地壳发生巨大的断裂作用时，断层的上升盘经常可以成山，而下降盘则变成盆地或平原。如巍峨的阿尔金山，其位于柴达木盆地的西北缘，与西邻塔里木盆地相比，有 2000 多米的高度落差。

最后一种方式为向斜成山。对近水平的沉积地层而言，当水平岩层受到挤压作用时，地层会发生褶皱形成背斜（其两翼相背而斜）或向斜（其两翼相向而斜）。

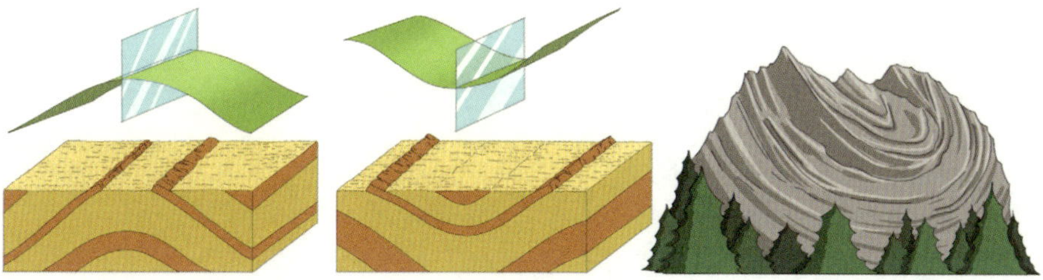

背斜　　向斜　　向斜成山示意

地层褶皱类型

背斜地层呈现向上隆起的特征，且背斜刚形成时，背斜顶部的确可以呈现山的特征。在我国柴达木盆地和四川盆地内形成于新生代的背斜，现在都表现为山或丘的样子。但由于背斜顶部岩石发育了许多张裂隙，经长期的风化和剥蚀作用，反而变成洼地。部分向斜构造，由于其核部的岩石被挤压得比较致密，不容易被风化剥蚀作用所破坏，反而突出成山。我国上亿年前形成的山脉，其核心部位常常是向斜。也就是说，较老的向斜构造常常变成山，即向斜成山。

4-5

高山上为什么会有海洋生物化石?

古生物学家在很多高海拔山区都发现过海洋生物化石。很明显，这些包裹海洋生物化石的岩层起初是埋藏在海底的，那为什么会出现在高山上呢？这就需要我们回顾一下地球上的山脉是如何形成的。

前文已述及山脉形成的几种主要方式，在板块运动过程中，原本在海底的岩层被挤压抬升到地表，有的高高隆起成为高大山脉，埋存于其中的海洋生物化石随之抬升，埋藏在今天的高山岩层中。

以有“世界第三极”之称的喜马拉雅山脉为例，在20世纪60年代，科学家们在这里发现了许多鱼、海藻和海螺等海洋生物化石。后经地质考察研究证实，早在20亿年前，现在的喜马拉雅山脉一带的广大地区还是一片汪洋大海，称古地中海。但当时地球环境恶劣，地震、火山喷发和海啸等强烈的地质活动非常频繁，许多海生生物葬身海底。在漫长的地质年代里，这些海洋生物遗体经历一定的化学作用及成岩作用等，最终成为我们今天可以见到的化石，并且依然保留着原来的形态和结构。

4–6

珠穆朗玛峰的“身高”是多少?

大家都知道，珠穆朗玛峰是世界最高峰，那么问题来了，它的“身高（海拔）”到底是多少呢?

珠穆朗玛峰

1975 年 5 月 27 日，中国登山队一行九名队员第一次从北坡登顶珠穆朗玛峰，给珠穆朗玛峰测量“身高”。此次采用的是传统的大地测量方式，在珠穆朗玛峰顶设置了 3.5 米的觇标，通过海拔 6000 米以上的 6 个测绘点，测定珠穆朗玛峰高程。当年 7 月 23 日，中国政府向全球宣布：世界最高峰珠穆朗玛峰的海拔为 8848.13 米。这一数据得到了全世界的认可，从此在正式场合或公开出版物中，珠穆朗玛峰海拔为 8848 米或 8848.13 米。

珠穆朗玛峰是欧亚板块与印度板块碰撞造就的，由于目前印度板块仍一直向欧亚板块俯冲碰撞，所以珠穆朗玛峰一直在“长个儿”，因此人类仍需监测它的“身高”。

2020 年 5 月 27 日，珠穆朗玛峰高程测量登山队八名攻顶队员克服重重困难，又一次成功从北坡登上珠穆朗玛峰峰顶，再一次测量了珠穆朗玛峰的“身高”。此次测量首次使用北斗卫星导航系统，运用航空重力测量技术，利用 5G 网络传输数据。登顶测量结束后，科学家们在对数据分析、处理的基础上，进行了严谨的理论研究和严密的科学计算，并通过反复验证，最终确定了珠穆朗玛峰的“身高”。2020 年 12 月 8 日，中国、尼泊尔两国向全世界正式宣布，珠穆朗玛峰的最新高程为 8848.86 米。

4-7

坚硬的岩层为什么会产生褶皱，甚至断裂？

在野外游玩时，常见岩石或山体的褶皱弯曲甚至断裂现象，如下图。褶皱的形态多样，尺度规模更是大小不一，小规模褶皱需要在显微镜下才能观测到，而大规模褶皱可达数千米至数十千米。断裂又可分为节理与断层，地壳内的断层，短的几百米，长的可达数百千米。纵贯我国东部著名的郯庐大断裂，北起黑龙江，南止长江边，总体上呈东北走向，在 2300 万 ~ 100 万年之前的新近纪—早更新世，该断层曾深切 70 ~ 90 千米。郯庐大断裂在中国境内延伸 2400 多千米。

斜歪褶皱

棋盘格状剪节理

那么，在坚硬的岩层中，褶皱和断裂究竟是如何产生的呢？

从本质上讲，岩层产生褶皱，甚至断裂，都是由板块碰撞、挤压所致。试验表明，在地壳浅部，岩石受力一般经历三个阶段：弹性变形、塑性变形、断裂变形。弹性变形即岩石受外力作用（岩石承受范围内的力）发生变形，当力撤除后，变形立即消失，不留痕迹；塑性变形即岩石受外力作用（超出岩石承受范围的力）变形，当力撤除后，不能恢复原本形状，并在地壳中留下塑性变形的褶皱构造；断裂变形即岩石受外力作用（超出岩石承受范围的力）达到或超出岩石的破裂极限，在地壳中留下各种断裂构造。

褶皱与断裂的类型，都有不同的划分规则。根据褶皱的形态和组成褶皱的地层面向，褶皱可以分为两种基本类型：背斜和向斜，前文已对背斜和向斜的概念及向斜成山的原理进行了详细介绍。依据节理的力学性质，可将其分为剪节理和张节理。断层则可依据两盘的相对运动，分为正断层、逆断层、平移断层。正断层上盘相对下降，下盘相对上升，通常在拉张和重力作用下形成；逆断层上盘相对上升，下盘相对下降，通常在水平挤压作用下形成；平移断层两盘受力沿断层面走向相对水平错动。

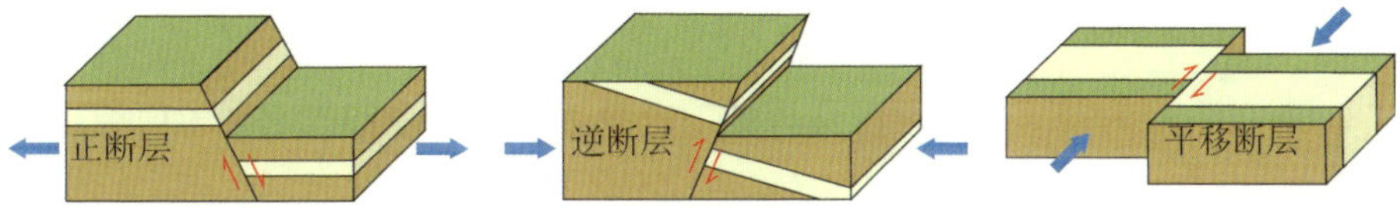

断层类型

褶皱和断裂是科学家了解地球运动规律的重要地质构造，例如褶皱与断裂对矿产的形成和分布具有一定控制作用，断层更是引起地震活动的重要地质背景，相关研究是揭开地球诸多不解之谜的有效途径。

4–8

渤海地区经历过“沧海桑田”吗？

作为我国的内海，位于辽宁、河北、山东、天津三省一市之间，三面被陆地环绕的渤海，在漫长的地质历史中，经历了海陆变迁：从陆地变成湖泊，再到现在的大海。这一海域的名字也几经变迁，据记载：战国时称“渤海”；秦代称“勃海”；东晋十六国时称“渤海”；春秋时也有“北海”之称。至元朝，称“渤海”，并沿用至今。

渤海与黄海经渤海海峡相通，其分界线，就是辽东半岛的老铁山与山东半岛北岸的蓬莱角间的连线。渤海是一个近于封闭状态的内海，有人说其形状像龙头；但也有人说像一个斜置的葫芦，头枕东北平原，却坐落在华北平原之上。渤海周围的辽东半岛与山东半岛就像两个巨人，一左一右紧紧地环抱、拱卫着渤海。

那么渤海是如何由陆地演变成湖泊，最后形成大海的呢？又为何被称为内海呢？

远在 2 亿年前，渤海及其周围地区还是一片广袤无垠的平原。后来由于地壳运动，慢慢沉降，曾经葱郁茂密的原始森林变成了盆地，多条地表径流逐渐汇入。经年累月、积少成多便成为湖泊。再后来，地壳沉降运动加剧，海面上升，海水入侵，于是形成今日之渤海。由此可见，渤海是真正从大陆蜕变而来的海洋。

4-9

冰川为什么是蓝色的？

冰川是由积雪形成的，能自行缓慢流动的巨大天然冰体。我们日常见到的冰是白色的，而古老的冰川为淡蓝色，这是为什么呢？

首先要从冰川的形成过程说起。雪线处于终年积雪区的下界，雪线位置年降雪量等于年融化量，而冰川形成于雪线以上，随着积雪的不断积累，其厚度不断增大，处于底部的雪所受压力变大，原本松散的雪在压力的作用

南极洲思韦茨冰川

下，不断被压实，排出空气，变成密度更大的球状粒雪；当积雪厚度达到 40 米时，底部的雪则逐渐变成冰川冰。在冰川的形成过程中，随着积雪不断被压实，雪之间一部分空气被排出，在冰川冰中封闭的空气则变成了小气泡，并随着进一步压实，气泡变少，冰川变得致密坚硬。

阳光中波长较长的红光和橙光易被吸收，不易被散射，而波长较短的蓝光不易被吸收而发生散射，因此古老的冰川呈现出美丽的淡蓝色，且冰越厚，冰川中气泡越少，蓝光更不易被吸收，色彩也更加明显。

4–10

什么是雪球地球？雪球地球是怎么形成与消失的？

电影《冰川时代》讲述了冰川时代来临，三个动物护送人类的孩子回家的温馨故事。看过电影，大家也许会疑惑，我们的地球真的出现过大规模的冰期吗？

实际上，像这样的全球冰冻并非只出现在科幻故事中。有足够的证据表明，现实世界的确发生过令人难以想象的宏大事件，那就是著名的“雪球地球”。

“雪球地球”是美国科学家约瑟夫·科什文克（Joe Kirschvink）提出的概念，指的是地球出现的极端冷气候事件，气温低到零下 50 摄氏度，冰川从极地一直扩延到低纬度甚至赤道，冰川厚度可达 1 千米，从太空望过去，就像一个雪球。

通过研究，科学家认为距今 6 亿 ~ 7 亿年时，我们的地球经历了两次“雪球地球”事件。

那么如此巨大的“雪球”是如何形成，又如何消失的呢？

“雪球地球”假说认为，新元古代晚期，聚集在赤道附近的罗迪尼亚超大陆的裂解使大陆边缘海面积迅速增加，边缘海生物初级产率和有机碳埋藏量也随之大大增加，造成大气中二氧化碳（CO_2）含量迅速减少，进而驱动了失控的冰反射灾变，形成了雪球地球。当时的海洋都被冰冻，冰盖扩展到赤道，平均厚约 1 千米，全球温度骤降至大约零下 50 摄氏度。

虽然地表已经被冰川覆盖，但是地球的板块运动并不会因为地表冰川的覆盖而停止。伴随着板块运动造成的火山喷发，地球内部的 CO_2 被带入到大气中，导致极端强烈的“温室效应”。最终，气温急剧升高，冰雪消融，温暖和潮湿又重新成为地球的主题，“雪球地球”消失了，继而生物开始了大爆发。

4–11

什么是丹霞地貌？

丹霞地貌是以陡崖坡为特征的红层地貌，通常具有“顶平（圆）、身陡、麓缓”的特征。坐落在广东省韶关市仁化县的丹霞山，由680多座顶平、身陡、麓缓的红色砂砾岩石构成，总面积292平方千米，因山石“色如渥丹，灿若明霞”而得名，是广东省面积最大以丹霞地貌景观为主的风景区和世界自然遗产地。1995年，广东丹霞山被列入国家级自然保护区，是广东省最早的一批国家级自然保护区之一。2004年2月13日，广东丹霞山经联合国教科文组织批准成为全球首批世界地质公园。2010年8月1日，广东丹霞山与贵州赤水、福建泰宁、湖南崀山、江西龙虎山、浙江江郎山六处丹霞地貌组成的“中国丹霞”被列入《世界遗产名录》。

据考证，“丹霞”之名最早出自《明嘉靖南阳府志校注》：“每至旦暮，彩霞赫炽，起自山谷，色若渥丹，灿如明霞。”1928年，中国第一代地质学家冯景兰等在粤北山区考察，将形成丹霞地貌的红层命名为“丹霞层”。在近百年的研究历程中，数代地质、地理学专家艰苦创业、勇于创新，最终形成了以丹霞山为研究基地的丹霞地貌学科体系。丹霞地貌由中国学者发现和命名，是中国科学家的杰出贡献，被誉为“地学国粹”。

广东丹霞山发育在中新生代陆相近水平厚层状紫红色砂岩、砾岩中，形成丹霞地貌的地质营力主要为流水侵蚀、重力崩塌和堆积、风化剥落与化学溶蚀。由于丹霞岩层形成于干旱氧化的气候环境，微观上，岩石颗粒表面大

广东丹霞山

多覆盖有一层红色的铁质（主要是赤铁矿）薄膜，导致丹霞山岩石在宏观上呈现突出的红色调。因此，丹霞山又被称为“中国红石公园”。这里的石柱、石墙、峡谷、赤壁和两条横穿而过的河流，共同构筑起丹霞山“雄、奇、险、峻、幽”的立体画卷。

4–12

什么是雅丹地貌？

汉字之美，美在意蕴。就拿“雅丹”和“丹霞”两词来说，在你还不知道雅丹地貌及丹霞地貌为何物时，就已经对这两个词产生诗意的遐想。

19 世纪末 20 世纪初，欧美地质学家、探险家对古老的中国产生了浓厚的兴趣。他们跨越千山万水，到此走访、旅游、勘探。其间发现了不少特殊的地貌。瑞典科学探险家斯文·赫定对中亚地区进行第二次科学考察时，在罗布泊的荒漠中发现了一行行定向排列的垄岗。它们坚定而沉稳地屹立于此，像是守护疆土的一列列卫兵，又像荒漠之海中一艘艘整装待发的战舰，赫定被这一壮观的景象震撼到了！眼前荒凉壮美的岩石奇观像极了古城堡，伴随着耳畔咧咧呼啸的风声，让人感到莫名的恐惧。他转身问陪同的向导：这是什么？向导答道：Yardang，这是维吾尔族对这些“垄岗”的称呼。赫定在次年出版的考察游记《中亚与西藏》一书中，首次使用了 Yardang 一词，专门用来描述这种特殊的“垄岗状风蚀地貌”。雅丹地貌，如今泛指干旱地区以风蚀作用为主形成的地貌。

如此壮观的雅丹地貌是如何形成的呢？这要从地质、气候两个方面来分析。原本沉淀在河湖中的沙土沉积物，长年累月被压实固结成岩，由于地壳抬升，出露地表。与此同时，我国新疆—甘肃一带地处北半球的西风盛行带，气候干旱，昼夜温差大，岩石在风力侵蚀和流水冲刷的作用下，大石块崩解为小石头，小石头又继续碎裂为更细的小颗粒。原始岩层中岩性较软弱

雅丹地貌
（苏德辰　摄）

或裂隙较多的岩石被大风、流水等剥蚀而去，相对独立且硬度较大的岩石残留下来形成石柱。当挟带着大量沙石的风吹起时，风蚀作用在地面附近较强、在高处较弱，所以对岩石下部的风蚀作用较强，致使形成的石柱上部较粗大、下部则较细小，即呈蘑菇状的风蚀柱。最终形成这种独特的地貌景观。

经历漫长地质历史年代的洗礼，久而久之，便形成与该区盛行风向近乎平行、相间排列的近东西向风蚀土石墩，即雅丹地貌。

4-13

喀斯特地貌是如何形成的?

提起喀斯特地貌，相信人们脑海中会立刻浮现出甲天下的桂林山水等国内风景名胜。喀斯特（Karst）是个音译词，原本是欧洲伊斯特拉半岛上碳酸盐岩高原的名称。

由喀斯特作用形成的地貌，统称为喀斯特地貌，也称岩溶地貌。喀斯特地貌是在以石灰岩为主的地区岩石被地表水，尤其是地下水长期溶蚀的结果。石灰岩的主要成分是碳酸钙（$CaCO_3$），当含 CO_2 的水与石灰岩接触时，二者会发生化学反应，并生成碳酸氢钙［$Ca(HCO_3)_2$］。碳酸氢钙可溶于水，石灰岩被慢慢溶蚀，并随时间推移逐步扩大溶蚀范围，最终形成喀斯特地貌。

当然，地表水改造地貌的力量，丝毫不逊色于地下水。沿石灰岩表面流动的地表水，首先会通过溶蚀和侵蚀，在地表形成许多凹槽即溶沟。溶沟之间突出的部分则叫石芽。久而久之，溶沟加深，石芽更为突出，形成高大、密布的石林，有的石林可高达 20 ~ 30 米。

溶洞是地下喀斯特地貌的主要构成形式之一，它是地下水沿可溶性岩石层面、裂隙或断层溶蚀和侵蚀而成的各种水平或垂直的地下空间。溶洞中常见各种大家耳熟能详的喀斯特现象，如石钟乳、石笋、石柱、石幔、石灰华等。此外，洞穴内石灰岩崩塌，其岩石碎块会形成洞穴角砾岩等。国内比较著名的溶洞有贵州的安顺龙宫、织金洞、九龙洞等。

石柱
（罗军燕　摄）

峰林
（方丽莹　摄）

在我国广西的石灰岩地区，发育有很多峰林和孤峰。它们是石灰岩地区受挤压抬升形成石峰后，遭受流水的侵蚀，使得石灰岩裂隙节理发育，并不断扩大裂隙，最终石峰被“割开”，形成山峰集合体。一般来说，峰林是底部基座相连的石峰；溶蚀洼地则是四周为低山、丘陵和峰林所包围的封闭洼地。溶斗和溶蚀洼地底部的通道一旦被堵塞，便会积水成塘，大的还可以形成岩溶湖。

4–14

黄土高原是如何形成的？

提起黄土高原，人们眼前就会浮现出“皇天后土、沟壑纵横”的壮观景象。黄土高原是世界上规模最大的黄土堆积区，也是黄土覆盖面积最大的高原，西起青海日月山，东至山西太行山，南起秦岭，北达晋陕长城，总面积约 64 万平方千米。黄土高原不仅范围广，且厚度大。

在了解了黄土高原的规模之后，人们不禁会问：“这么多的黄土是从哪里来的？”

在漫长的历史时期，风沙一直不停地侵蚀着华夏西北这片大地。颗粒较粗大、质量较大的沙子在风力变小时，便沉降在新疆、内蒙古、宁夏等地形成沙漠；较细的黄土继续深入内陆，经过上百万年的风成堆积，最终形成今天的黄土高原。

远古时期的黄土高原曾经植物茂盛，森林密布，水草丰美。

有人这样总结道：如果说黄河流域是中华文明的发祥地，那么黄土高原则堪称孕育文明的摇篮。黄河水系是形成黄土高原的主要动力，黄土高原地处黄河的中游地带。七八千年前，中华民族的祖先开始在这里开垦种植、造屋定居，黄土高原的自然环境也受到人为影响。

黄土高原之所以成为中国农业发展最早的地区之一，与其优越的自然条件是分不开的。我国最早确定的距今 12000 ~ 9000 年的中石器时代至新石器时代文化遗存的陕西大荔“沙苑文化”，就位于黄土高原南部、渭河与洛河交汇并注入黄河的地方——陕西大荔沙苑地区。从出土的文物可以判断，在中石器时代，这里沼泽遍布、草滩和沙丘并存、林木茂盛，各种鸟兽在此栖息。

随着气候变化、人类的不断繁衍，加上长期以来人们缺少生态保护的意识，黄土高原的良好生态环境遭到破坏，乱砍滥伐打破了生态平衡，导致严重的水土流失……久而久之，原本郁郁葱葱的黄土高原逐渐变为荒山秃岭，成为全球水土流失最严重的地区之一。

20 世纪 80 年代，人们越来越意识到生态环境保护的重要性，在国家大力提倡和支持下，开展大规模的退耕还林、退牧还草行动，黄土高原也经历了多轮次的植树造林运动。

进入 21 世纪，随着科技进步，黄土高原荒漠化治理的技术、方法越来越多样化，效果也很明显。如在流动沙地和黄土上面喷洒化学胶结物，以便在沙地表面形成有一定强度的保护壳，将空气与沙土表面隔开，使沙土相对固定；也有地区采用柴草、黏土、卵石和网板等材料作为障碍物或铺压遮蔽，借以阻沙固沙、改变沙地条件，大大提高了沙土抗风蚀的性能，更好地实现了固定流沙和黄土的目的。另外，人们还在黄土高原的沟谷中修筑拦土坝，在坡地修建梯田等，以拦截地表流失的水土。

“绿水青山就是金山银山”，相信终有一天，人们还会看到黄土高原满目苍翠的景象，并从中获得切实利益。

4-15

什么是马兰黄土?

黄土高原主要由黄土堆积形成，厚度巨大。“黄土之父”刘东生先生根据黄土时空分布等特点，提出了午城黄土、离石黄土和马兰黄土概念。下面我们重点说说马兰黄土。

马兰黄土在黄土高原分布广泛，是非常典型的一层黄土。但是其命名地却不在黄土高原，而在我国的首都北京。刘东生先生在北京开展黄土研究的时候，发现北京西山脚下门头沟区斋堂镇马兰台的黄土非常有代表性，故将这一层黄土命名为马兰黄土，“马兰黄土”在地质学上是一个地层单位。

马兰黄土在中国的北部分布非常广泛，黄土高原的上部、燕山南麓、太行山东麓及山东泰山、鲁山山麓和山东半岛北侧山麓与山间盆地中均有这一套黄土地层的分布。马兰黄土呈浅灰黄色，颗粒粒径整体较小，大多为0.25 ~ 0.50毫米。这层黄土疏松多孔，内部垂直裂隙发育。如果沾上水，则会发现这层土黏性较强。这是因为马兰黄土中有很多的黏土物质，如水云母、高岭石、蒙脱石等。在北京的西山，马兰黄土常覆盖在山坡上，其上植被发育，是北京西山地区难得的种植土的组成部分。马兰黄土有时也会盖在颜色偏红、有时内部含有砾石层的红棕色砂土层上，界线非常分明。

4-16
土林是什么？ *

20 世纪 60 年代，为了研究元谋盆地的冰川和新构造活动，中国地质科学院地质力学研究所的钱方多次到云南元谋盆地进行野外地质调查。他在元谋盆地的上新统—更新统分布区，发现多片被流水冲刷后形成的土柱，这些土柱“高低参差、密密层层，层见叠出，远看如一片森林”。1977 年，钱方将这种地貌形态命名为“土林”。

顾名思义，土林是由没有完全固结成岩的土状堆积物构成的呈群分布的柱状地貌，远望如林。土林的形成以流水侵蚀为主要动力，在地貌学的分类中属于特殊的流水侵蚀地貌。土林的形成条件受到地质构造背景、地势条件、气候环境以及物质成分与地层结构的影响。

土林多是由近代古湖环境中的沉积物遭受后期的侵蚀所形成。与海洋相比，湖泊更容易受到其周围气候因素的影响。沉积物的成分、厚度、粒度、颜色等方面的特征都包含着区域性地壳升降、极端气候事件、地震、火山活动等地质历史信息。此外，土林的形成过程中，与强烈雨水侵蚀和重力崩塌相伴的现象是大量土状沉积物的搬运和再次沉积。最宏观的现象是雨水淋蚀、剥蚀的产物在土柱周围原地堆积，之后受到地表流水的冲蚀，表面发育大量细小的纹沟和细沟。因此，土林提供给地质学家一个全方位研究沉积过

---

* 选编自《地球》，2023 年，第 4 期，第 73–79 页，土林揭秘，作者苏德辰等。

元谋土林
（杨红君　摄）

程，恢复古构造、古环境等的便利条件。

土林是天然的地质学实验室，是进行全民科普、地质研学的大课堂。更值得一提的是，云南元谋土林、西藏扎达土林和山西大同土林分别对应着云南元谋人、神秘的古格王朝以及中国的泥河湾新、旧石器遗址。因此，土林除了有重要的地学价值外，还有重要的生态学和人类文化方面的潜在价值。

4-17

滑坡发生在哪里？发生滑坡迹象应如何避险？

常见的地质灾害包括崩塌、滑坡、泥石流、地裂缝、地面沉降等，其中滑坡是非常常见的一种地质灾害类型。

滑坡是指斜坡上的土体或者岩体，受河流冲刷、地下水活动、雨水浸泡、地震及人工切坡等因素影响，在重力作用下，沿着一定的软弱面或软弱带，整体或分散地顺坡向下滑动的现象。

某个地区会不会发生滑坡主要受两类因素控制：一是地质背景条件，包括地形地貌、地质构造、地层岩性等，这是内在因素，是亿万年来地球内、外动力地质作用决定的；二是诱发因素，包括降雨、融雪、地震和人类工程活动，这是外部条件。内在因素和外部条件决定了滑坡是否发生、规模大小，以及属于哪种类型。

滑坡

那么，什么样的地质背景条件容易发生滑坡，滑坡是怎样形成的呢?

举个例子，很多人都玩过滑梯，滑梯越高越陡，下滑速度越快。滑坡也是一样，越是地形陡峭的山坡发生滑坡的可能性也越大，这是产生滑坡的首要因素。第二个重要的因素就是地层岩性，如果组成山体的岩石坚硬且完整，发生滑坡的可能性就很小，如果组成山体的岩石相对软弱而且易破碎，发生滑坡的可能性就很大。第三个重要因素是地质构造（褶皱和断层），断裂、褶皱是造成山体岩层破碎的重要原因，岩层一旦破碎就很容易发生滑坡。

当然，滑坡的发生往往是有迹可循的，主要前兆有：岩土体之间产生大量的拉裂缝；建在山坡上的房屋地板、墙壁等出现大量的裂隙甚至墙壁歪斜、沉陷；坡体上出现呈片分布的马刀树；斜坡体上出现“醉汉林”，即树木东倒西歪，像醉汉一样；滑坡前缘坡脚有堵塞多年的泉水突然涌出或者坡体上的井水位出现突然变化等异常现象；鸡犬等动物惊恐不宁，不入睡，老鼠乱窜不进洞……

马刀树示意图

醉汉林示意图

在发现滑坡前兆时，应该立即报告当地政府或灾害应急部门，同时通知附近居民及时撤离。当处于滑坡附近时，应向滑坡滑动方向的两侧逃离，如果正处于房屋内，要立即逃离。滑坡发生后切忌贪恋财物，返回受灾区，因为滑动后坡体上的岩土体极为松散，很容易发生二次滑动。

4–18

土壤是什么？有哪些作用？

古人有云“土壤布在田，能者以为富。”土壤是人类赖以生存的物质基础，是我们人类宝贵的资源。但是，人们对土壤真的了解吗？文艺复兴巨擘达·芬奇就曾直言：我们对自己脚下土壤的了解，远不及对浩瀚的天体运动了解得多。

土壤

土壤是由地球陆地表面矿物质、有机质、水、空气和生物体等几大部分组成的，具有肥力并能生长植物的疏松表层。适合植物生长的土壤中，固体物质占了总体积一半，其中包括大约45%的矿物质和5%的有机质；土壤体积的另一半是空气和水。在地球上，土壤水的储量要大于江河水和大气水储量。有些植物对于土壤中氧气含量有很高要求，例如当氧气含量低于3%的时候，苹果树就停止生长了。此外，土壤还是很多动物的家园，生活在土壤中的动物单蚯蚓就有1400多种。1克土壤中含有数亿个细菌，这些微小的生命占地球生物量的很大一部分。

那么，土壤有哪些作用呢?

土壤除了能使植物生长，还有许多其他功能。它可以调蓄洪水，一遍遍地上演“兵来将挡，水来土掩”的戏码；它可以将能够产生温室气体的碳封存在自己体内，成为陆地生态系统中的“碳富豪”；它也可以为土壤动物、微生物甚至人类提供栖身之所，不信就看那一排排的陕北窑洞，它还可以保存珍贵的文化遗产，任秦皇汉武、唐宗宋祖沉睡千年，始终护其周全；另外，有些土壤还是珍贵的旅游资源，如云南土林、甘肃彩丘，吸睛无数。甚至，它还可能是一味良药，不少地方都有食用黏土棒治疗肠道疾病的传统。

4-19

土壤是怎么形成的?

我们了解了土壤及其用途，不妨再来认识下土壤是怎么形成的？是从石头变来的吗？厚厚的土壤又是经过多久才形成的？

土壤源于岩石。岩石受到物理风化、化学风化和生物风化作用后，逐渐破碎成颗粒状，这些风化产物在风、流水和微生物等作用下逐渐迁移、堆积，进而形成了土壤的母质。再经过数万年，有机物逐渐积累、分解，腐殖质合成等最终形成真正的土壤。

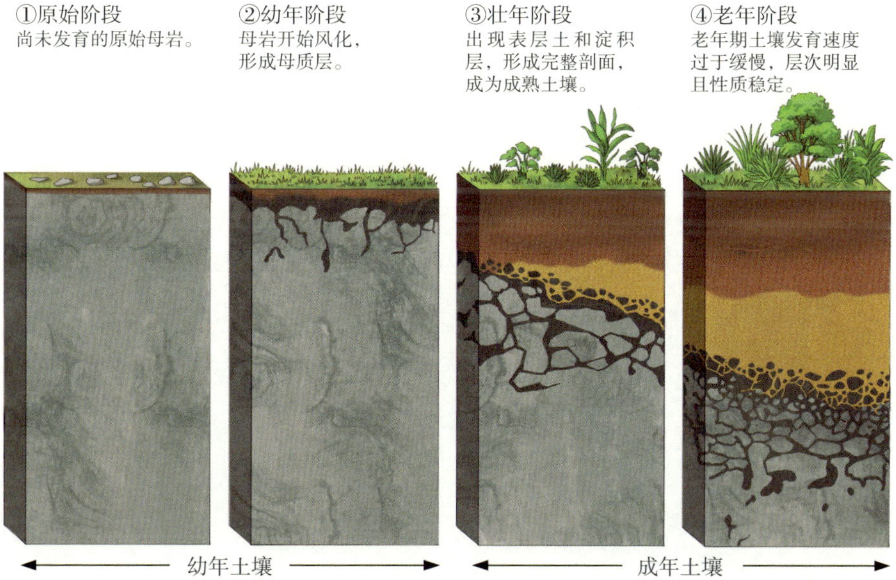

土壤形成过程示意图

土壤的形成与成土母质、气候、生物、地形和时间五大因素有关。母质是构成土壤的矿物质，是提供植物所需养分的物质基础。气候主要是通过温度和降水全面影响成土过程中的物理、化学和生物作用的强度和方向。生物也是关键因素，生物在自身的生命活动中与土壤发生物质和能量交换，改变土壤结构和孔隙状况。地形对土壤形成起着物质和能量再分配作用，在重力作用下表现出不同海拔、坡向、坡度、坡形等地表物质和不同能量分配。时间影响土壤发育的成熟程度，任何因素对成土过程的影响都与时间有关，作用程度随时间的延长而加强。除此之外，人类活动通过调节和改变其他成土因素来控制土壤的发育程度及方向，对土壤发生演化起着不可忽视的作用，成为五大成土因素外最重要的影响因素。

土壤“生长”的速率取决于土壤“生长”时的环境条件。一般来讲，湿热的环境更利于土壤的形成。不过，即使在南极那种极端恶劣的冰雪环境中，也有一些地衣的着生，也进行着缓慢的原始成土过程。已知最快的土壤形成速率为每年 2.5 毫米，位于新西兰的南阿尔卑斯山，许多地区的土壤则是如龟速般形成。据估算，地球表面土壤的平均形成速率约为每年 0.056 毫米。也就是说，在不考虑土壤侵蚀的情况下，形成 1 米厚的土壤，大概需要 18000 年。我们常见的土壤，其形成一般都在万年以上，因而有“千年龟万年土”的说法。

所以说，土壤是重要的不可再生资源，我们必须加强对土壤资源的保护，为子孙后代造福。

4–20

你知道五色土吗？

北京中山公园有一座象征“天圆地方”的社稷坛。按东、南、西、北四个方向，铺有青色、红色、白色和黑色的土，中间则为黄色土。同样是土壤，为何会呈现不同的颜色？

常言道：一方水土养一方人。不同的气候环境对土壤的形成也有显著影响，表现在外观上就是颜色不同。“五色土”代表了我国不同地区的土壤。

北京中山公园社稷坛五色土

在上述五种颜色的土壤中，黑土的肥力最高。在我国，黑土主要分布在东北平原地区，总面积达 100 多万平方千米。在纬度较高的东北地区，夏季短促、温暖、多雨，冬季漫长、寒冷。特殊的气候环境形成了肥沃的、富含腐殖质的黑土。

黄土主要分布在暖温带的干旱、半干旱地区。中国是世界上黄土分布最广的国家，其中黄土高原是世界上最典型的黄土地貌，总面积约 64 万平方千米。尽管关于黄土的形成原因说法很多，但目前较为主流的是“黄土风成说”。在漫长的地质历史中，西北地区因为气候干燥、昼夜温差大，以热胀冷缩为主的风化作用十分强烈。受此影响，当地的岩石、砂砾等破碎后形成细沙与粉尘，在风力的不断搬运下堆积，形成黄土高原。

红土则主要分布在我国长江以南的低山丘陵地区。这些地区长年高温多雨，土壤中的矿物质分解、破坏强烈，可溶性矿物质流失严重，而活动性相对较小的含铝、铁物质则残存下来。在高温湿热或高温干燥的环境下，土壤中的氧化活动十分强烈，形成大量氧化铁和氧化铝等矿物质，其中红棕色的氧化铁含量最高，使土壤呈现红色。

白土又称盐碱土，主要分布在我国西北地区。那里气候干旱，降水量小，蒸发量大，地下水中的盐分随地下水位上升至地表，水分蒸发后，水中的盐结晶析出，并不断在土壤表层积聚，使土壤呈白色。

按地理学的划分，青土属水稻土。在我国分布广泛，约占全国总耕地面积的 20%，其中以长江中下游平原地区最为集中。这里因排水不良或土壤长期被水浸泡，从而处于一种还原环境。久而久之，土壤中的红色氧化铁被还原成浅绿色的氧化亚铁，土壤便呈现青色。

正是由于我国幅员辽阔，气候多样，才会发育不同类型的土壤，不同种类的植物、动物才有机会繁衍，形成令人惊叹的物种多样性。

4–21

土壤的退化是怎么回事？我们应该如何保护土壤？

土壤虽然常见，但大家也许不知道，土壤也很脆弱，也会“生病”退化，甚至消失不见。

土壤退化是指在各种自然、人为因素的影响下，土壤遭受侵蚀，进而导致其质量、厚度、面积等下降或减少，乃至土壤环境全面恶化的现象。

土壤退化可分为物理、化学、生物退化三方面。土壤物理退化主要包括土壤层变薄、土壤沙化等；土壤化学退化包括土壤养分含量降低、土壤酸化、碱化等；土壤生物退化主要指土壤微生物多样性减少、群落结构改变等。

土壤退化已成为严重的全球性环境问题之一，直接危及人类的生存物质基础和生存环境。那是什么因素导致了土壤的退化呢？

土壤退化的过程非常复杂，其退化是自然因素和人为因素共同作用的结果。其中，人为因素是加剧土壤退化的根本原因。比如，各类设施建设导致天然土壤被占用；人类砍伐树木、过度放牧、不合理耕种导致的土壤退化。同时，人为因素引起的“温室效应”，人类过度用水导致的土壤水资源减少等也都是导致土壤退化的原因。

作为地球皮肤的土壤，需要人们更多的关注和呵护。人们应该深刻认识到“万物土中生”也将“终归于土”，真正让语言学家林语堂“与草木为友，和土壤相亲”的格言更加落到实处。

土壤退化

那么，保护土壤，我们能做些什么呢？首先要加强植被保护，爱护花草树木，因为植被能够有效减轻土壤侵蚀，保持土壤的水分，提高土壤的抗风化能力。其次，要建立有效的农田水利设施，推广节水灌溉技术，保持土壤水分的充沛。同时，要减少农药的使用，多使用有机肥料，防止土壤污染等。需要注意的是，土壤保护还应遵循因地制宜的原则，宜林的种树，宜草的放牧，宜耕的种植作物。建立防护林带（网），降低风速，改善气候等。

诗人艾青曾说“为什么我的眼里常含泪水？因为我对这土地爱得深。”让我们大家行动起来，保护好脚下的这片土地，保护好我们的家园！

第5章

地球上的水资源

5-1

地球上的水是从哪里来的?

从太空中看地球，这是一颗美丽星球，蔚蓝色的海水覆盖了约 71% 的地球表面。好奇心爆棚的你是不是曾经提问过：水是从哪里来的？下面是一张概括性的水循环示意图，清晰地说明了水在地球生态系统中的循环路径。但依然无法回答“从哪里来”这个问题。

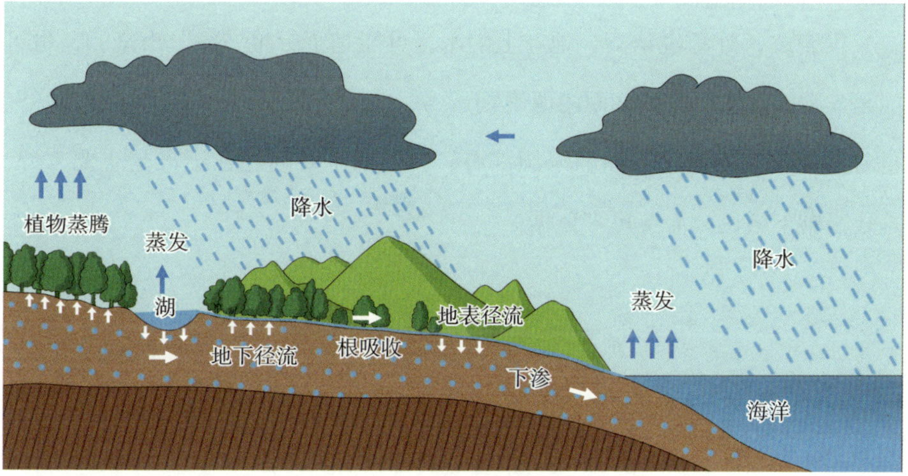

水循环示意图

这个问题就像“我从哪里来”一样，看似简单实则非常复杂。长期以来，科学界对此问题争论不休，主要形成了自源说和外源说两大说法。

自源说认为地球的水来自地球本身，氢是在宇宙诞生之初即存在的元素，然后通过聚变产生氦原子，氦原子接着聚变产生更大质量的原子，如铍原子、碳原子、氧原子等。氢原子和氧原子形成以后，结合形成了水分子。在地球形成的一个阶段，温度很高，水或在高压下存在于地壳、地幔中，或以气态存在于地球大气中。后来随温度降低，地球大气中的水冷凝落到了地面。岩浆中的水也随火山爆发不断释放到大气、降落到地表。从现代火山活动情况看，几乎所有的火山喷发物中都含有水汽，一般为60% ~ 90%。据此推算，在地质历史中火山喷出的水量可能占现代全球大洋水量的一半。

外源说认为，地球的水来自外太空，水是被彗星、陨石、太阳风带到地球来的。碰撞到地球的彗星，降落到地球的陨石，其成分含一定的水，一般认为0.5% ~ 5%，有的高达10%。“撞”的过程中，水分被带到地球上。太阳风到达地球大气圈上层时，带来大量的氢核、碳核、氧核等原子核，这些原子核与地球大气圈中的电子结合成氢原子、碳原子、氧原子等，再通过不同的化学反应变成水分子。

简言之，外源说认为，地球上的水，可能是小行星“撞”出来的，也可能是太阳风“吹”来的；而内源说则认为，地球上的水是“娘胎”里带来的。也有科学家认为，两方面的来源都有，目前的主要问题在于谁是主要来源，这还很难下结论，需要更多证据。

5–2

水有“第四种形态”吗？

水有三种形态：气、液、固。可是很多人不知道的是水还有一种存在形式，那就是封存在岩石中的水。

这“第四形态”的水并非那么遥不可及，它也有可能就藏在你身边。如果家里厨房的灶台是用蛇纹石做成的，假设所用石材质量约为 90 千克，那么其中约 10 千克是水。当然，这种组合并不是像把鸡蛋打进稀面糊中那么简单，而是融进组成矿石的每个分子中——在几百千米厚的地层中，高温高压环境下，一个水分子分解为一个氢原子和一个羟基，它们与组成岩石的分子结合。更加形象的解释是，在一定温度和压力下，某种岩石与水分子结合，像海绵吸水一样。科学家把这种融入水的岩石称为“水合矿物质”，简称“水岩”。

科学家认为，这种水岩遍布地下 400 ~ 650 千米的深处，厚达 240 千米，比地球表面的水层还厚。即使这种岩石的含水量只有 1%，也已相当于地球海洋水量的几倍。

5-3

沙漠里为什么发洪水？

2021年7月下旬的一篇报道让很多人大吃一惊——塔克拉玛干沙漠遭遇大暴雨，引发了洪水。据报道，位于塔克拉玛干沙漠北部边缘、天山南麓的玉奇片区遭遇洪水侵袭，淹水面积高达300多平方千米。

塔克拉玛干沙漠是亚欧大陆上最干旱的地区之一，年降水量不超过100毫米，有的地方只有4～5毫米，而平均蒸发量达2500～3400毫米。这次的沙漠暴雨，有的地方降水量达到61.1毫米。

要解开这个疑问，首先要将问题分解为：降水和洪水。由于全球气候周期性变化，近年来沙漠地区出现暴雨的概率有增加的趋势：2011—2020年较1961—1970年，新疆暴雨日累计降水总量增加了53.5%，暴雨日数增加47.1%。其中，北疆、天山山区和南疆降水总量分别增加了90.9%、24.1%和113.3%，暴雨日数分别增加80.7%、20.2%和94.4%。

塔克拉玛干沙漠位于塔里木盆地，东西长约1000千米，南北宽约400千米，面积约33.76万平方千米，四周被阿尔金山、天山山脉、昆仑山脉和黄土高原环绕，每年的融雪是该地区地下水的主要补给来源，而6—8月是北半球的夏季，也是融雪高峰期。积雪的融化给沙漠带来更多的水。此外，跟普通土壤性质不同，沙漠地区沙地的排水、保水能力都较差，突然遭遇暴雨，水无处排出，很容易形成洪水。

5–4

瀑布是如何形成的？怎样合理利用？

无论是从大气中降落到地面上的雨水、冷凝后结成的冰，还是进入土壤和岩石裂缝中的地下水、汇入相对平静水域的湖泊水以及最后汇入海洋的河水，都在地球重力场影响下，由高处向低处移动。

瀑布的形成与“水往低处流”时的河流侵蚀作用有关。山区河流的向下侵蚀作用最为明显，尤其当水流经过下部较脆弱或较易溶解的岩石时，经年累月的冲刷就会在河床底部形成一个陡坎。随着流水不断向下侵蚀，陡坎会越来越高，这样就形成了瀑布。另一种情况是，地壳发生断层，两盘高低不同，河水从高处流到低处，也就形成了瀑布。

位于我国贵州省安顺市镇宁布依族苗族自治县的黄果树瀑布，处于珠江水系北盘江的打帮河支流白水河段，以水势浩大著称。这个亚洲最大的瀑布，总高度为 77.8 米，其中主瀑布高为 67 米，总宽为 101 米。黄果树瀑布的独特之处在于它是发育在喀斯特地貌中的瀑布。其形成最早是由于所在河床的石灰岩中出现了河床坡度突变点，后经河水长年累月的冲刷和溶蚀，在瀑布下方流水下落后的翻卷作用、冲刷力量和化学溶蚀作用都显著增强，下部的岩石因此先被溶蚀、剥离、冲走。久而久之就形成“水帘洞”，最后形成大瀑布。所有瀑布都会发生“溯源侵蚀”，即随着时间推移，瀑布上部的岩石因水流不断冲刷而逐渐崩塌，并朝水源方向逼近。地质学家们研究后认为，黄果树瀑布形成至今，曾发生过三次变迁，已经累计后退了 205 米的距离。

贵州黄果树瀑布

与黄果树瀑布的形成环境类似，位于中越边境上的广西德天瀑布，也坐落在喀斯特地貌发育的白云岩地区。德天瀑布宽100多米，纵深60多米；瀑布分三级跌落，是东南亚地区最大的天然瀑布。

英国著名作家狄更斯曾这样赞美一个同样全球知名的瀑布："尼亚加拉瀑布，优美华丽，深深刻上我的心田；铭记着，永不磨灭，永不迁移，直到她的脉搏停止跳动，永远，永远。"尼亚加拉瀑布位于加拿大安大略省和美国纽约州之间的尼亚加拉河上，是北美大陆最著名、规模最为宏大的奇景之一，瀑布的平均水流量巨大，达每秒5720立方米。

瀑布的形成在于不寻常的地质构造。尼亚加拉峡谷的岩层近于水平，顶层是较为坚硬的大理石，下部则是易被流水侵蚀、较为松软的泥质岩层和页岩层。流水之所以能从瀑布顶部的悬崖边缘倾泻而下，正是由于顶部那层坚硬的大理石地质层的支撑。

由于尼亚加拉瀑布水量巨大，加之瀑布附近流水的落差较大，水力发电价值很高。瀑布可以合理地将旅游资源和水力发电协调起来，可谓实现了双赢，也使大瀑布能够更科学合理地长久服务于人类社会。

广西德天瀑布

尼亚加拉瀑布

5-5

河流为什么会弯曲?

河流，是地球上最常见的地貌类型。古人有云：“九曲黄河万里沙，浪涛风簸自天涯”；百转千回、九曲连环、七弯八拐、蜿蜒曲折也都是形容河流的成语。对于河流的形容，大部分都是描述其弯曲的特征。诚然，陆地上所有天然形成的河流，几乎都是弯曲的，弯弯曲曲流淌的河流，就像爬行中的蛇，因此地貌学家就巧妙地把这种弯弯曲曲的河流称为“蛇曲”或“曲流河”。那么问题来了，河流为什么会弯曲呢?

首先，河流的弯曲和地转偏向力有关。地转偏向力不会改变地球表面物体运动的速率，但可以改变物体运动的方向。地转偏向力会使水平运动的物体在北半球向其前进方向的右侧偏转，而在南半球则向左。

以北半球的河流为例，在地转偏向力的影响下，河水总是倾向于向右偏，于是河流的右岸总是被冲刷的，而左岸由于受到的冲刷较少，河水流速较慢，所以经常有沙石堆积。久而久之，即使原本是平直的河道也会变得弯曲。同时，河流弯曲后，冲向凹岸的水流又会受到地转偏向力和弯道离心力共同作用，形成环流。河道右弯，离心力与科里奥利力二力方向一致，对凹岸的侵蚀力增强；如河道左弯，则离心力与科里奥利力方向相反，二力相互作用，抵消部分作用力，对凹岸的侵蚀力减弱。

下面这张示意图可以清楚地解释河流弯曲的过程 。环流进一步造成河流弯曲，因为冲向凹岸的下降水流流速快、侵蚀力强，使得凹岸后退，越来越凹；冲向凹岸的水流折向河底后，沿凸岸一侧上升，上升的过程中水流速度变慢，携沙能力降低，泥沙不断在凸岸一侧下沉堆积，使得凸岸变得越来越凸。

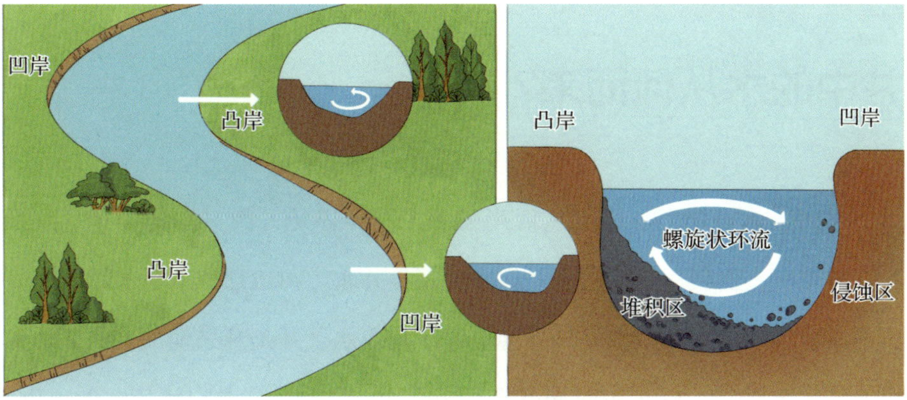

凹岸侵蚀、凸岸堆积逐步形成弯曲河流

长此以往，弯曲就会越变越大，而从弯曲处出来的水流带着一定横向冲击力冲击着原本呈直线的下游水岸。慢慢地，第二个弯曲也就形成了，之后，第三个、第四个……河流就成了我们所看到的蜿蜒曲折的形态。

5-6

井中的水从何而来？ *

城市，多在河谷、平原或海岸建成，原因还是人类对水的依赖。在古代，城市中人们使用最多的不是河水，而是井水。河边建城的根本原因是平原河滩地区地下水位较浅，打井会更容易获取水。井是开采地下水的一种主要方式，数千年前的远古时期就有“掘井而饮”和“凿井以灌田”的事例。那么井中的“水”从何而来？

李白有诗云：“君不见黄河之水天上来，奔流到海不复回”，一千多年前的诗句在某种意义上确实说对了一部分水的来源与去向。地球上，海洋中的水会通过蒸发以水汽的形式进入大气中，通过大气环流输送到陆地上空形成云，进而变成雨、雪后降落到地面。雨、雪落到地面后，又分三条路走：一部分顺地面起伏由高处向低处流，形成溪涧江河最终流入大海；一部分被地面蒸发，以及通过树木、花草、农作物蒸腾变成水蒸气回到天空；还有一部分则渗入地下变成地下水，积攒为庞大的地下水源。

俄罗斯地质学家维尔纳茨基说：“地壳表面就像饱含水分的海绵”，形象地说明了岩土体内存在空隙，就是这些空隙为地下水的赋存提供了空间。地下水就是指赋存于地面以下岩土体空隙中的水。

---

* 选编自《地球》，2019 年，第 12 期，第 54-59 页，文明之源 井，作者臧西胜等。

地下水按照赋存介质不同，分为孔隙水、裂隙水和岩溶水。按埋藏条件，地下水分为潜水、承压水和上层滞水。从地面向下渗透的水，如果遇到了黏土等隔水层，挡住了下渗的道路，它就会聚集在这个隔水层之上。这种埋藏在地面以下第一个隔水层上面的地下水，具有自由水面，叫潜水。充满于两个隔水层之间的含水层中的水，往往具有一定的压力，所以叫承压水。我们便是利用水井从潜水与承压水中抽取地下水来使用。

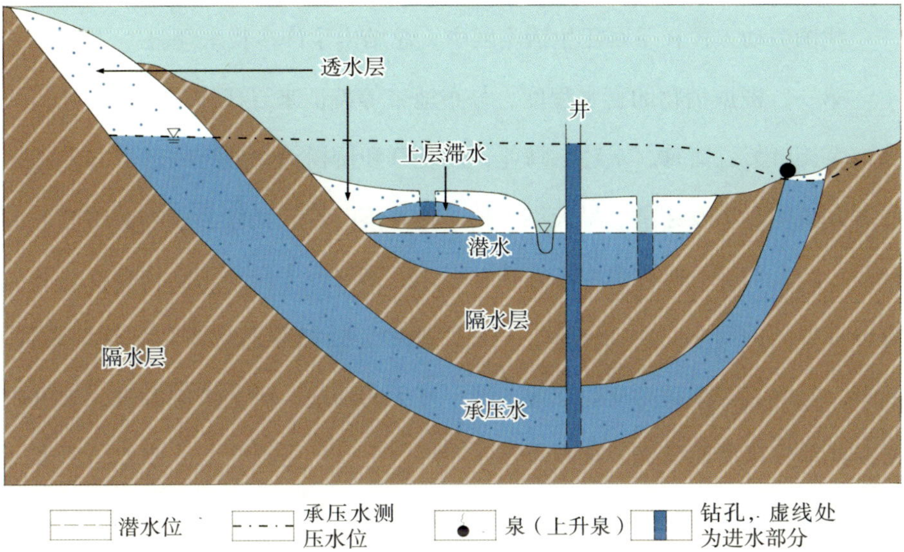

水井取水示意图

5-7
怎么寻找地下水？ *

我国劳动人民在千百年生活实践中，总结出了许多找水经验。

第一，根据植物的喜水程度、分布地带等特征来寻找浅层地下水源。例如：生长芦苇、蒲葦、水芹、马莲、芨芨草和柳树等喜湿植物的地方，或某些地方植物春季发芽早、旱天不干梢、秋季落叶迟，往往有较丰富的地下水存在；高大繁茂的柳树也常作为找水标志。第二，人们利用动物寻找地下水源也有悠久的历史。泥土潮湿，蚂蚁、蜗牛、螃蟹等喜欢在这里做窝聚居；冬天，青蛙、蛇类动物喜欢在此冬眠；夏天的傍晚，因其潮湿凉爽，蚊虫通常在此呈柱状盘旋飞绕。在福建晋江一带，至今还传颂着 300 多年前明末民族英雄郑成功“缘蚁得甘泉”的动人故事。

除此之外，也有根据地形、岩石找水的方法。例如山坡脚下有水渗出或地面潮湿的地方，山前倾斜地与平原交界地方，河漫滩或有古河床的地方。人们在生产实践中积累了许多关于地形、岩石的有效找水经验，比如“两山夹一沟，沟崖有水流”“两山夹一嘴，嘴前常有水”“山扭头，有水流”“青山（石灰岩）压石山，必定有山泉”“断层一条线，有水在里面”“四周环山掌心地，打井找水最有利”。

---

* 选编自《地球》，2019 年，第 12 期，第 54-59 页，文明之源 井，作者臧西胜等。

蚂蚁窝

回归到现代，现代找水主要依靠科技进步，根据以往资料分析水文地质条件，综合运用遥感、水文地质调查、综合物探等手段，从而确定井位开采地下水。值得一提的是，核磁共振法可以用来直接探测地下水的存在状态，是近年来发展迅速的方法。

5-8

地下水一定是安全的吗？ *

“我们不生产水，我们只是大自然的搬运工”，这句朗朗上口的广告词正是优质天然地下水的写照。那么，清澈透明的地下水一定都是安全的吗？答案是否定的。接下来向大家介绍一下地下水中的无形杀手——砷。

砷，俗称砒霜，元素符号为As，是一种非金属元素，有三价砷和四价砷两种价态。还记得古装剧中令人毛骨悚然的第一毒药“鹤顶红”吗？它其实就是砒霜。砷化合物（As_2O_3）为剧毒白色固体，致死量为0.1克。世界卫生组织国际癌症研究机构于2012年将砷列入一类致癌物清单。此外，世界卫生组织饮用水标准及我国地下水三类水标准将砷含量限定为10微克/升。

地下水是人类重要的饮用水源，长期饮用高砷地下水（砷含量超过10微克/升）会使人体出现皮肤色素异常、角质化、乌脚病等慢性砷中毒病，甚至引起皮肤癌、膀胱癌等重大疾病。然而，天然地下水中砷超标的现象却广泛存在。砷是如何进入地下水的呢？

基岩山区暴露于大气中的含砷母岩经历长期风化作用，砷赋存形态发生改变，从原生矿物中转移到地层内含量丰富的铁氧化物中。接着，富砷铁氧化物被水流搬运至下游，在地形低洼的盆地中心或者平原区沉积下来，久而

---

* 选编自《地球》，2020年，第12期，第46-49页，砷——地下水中的幽灵，作者曹文庚等。

久之，成为地下含水层介质的组成部分。并且有研究表明，有机质矿化过程会将地下水中的砷转化为毒性较强的三价砷。干旱内陆盆地的地下水高 pH 条件均有助于砷的释放。

基于砷在地下水中的分布特征、形成机理，科学家开始致力于如何去除地下水中的砷。地下水的修复可分为异位修复和原位修复两大类。由于异位修复存在的种种困难，原位修复便成了地下水砷修复的必然选择。原位修复技术是利用水井向含水层注入化学试剂，在井孔周围形成反应带，经过氧化还原、吸附等一系列作用后，将地下水中的砷重新固定在固体颗粒上，从而实现地下水砷含量达标。常用的砷吸附材料有沸石、生物炭、各类氧化铁。近年来，纳米材料的研发成为国内外研究的热点。其中，纳米铁具有成本低、除砷效果好、易分离回收、二次污染风险低等特点，具有较好的应用前景。

地下水是水资源的重要组成部分，由于分布广泛，水质良好，在工业生产、农业灌溉、生活饮用方面占据重要地位。地下水中的矿物质、微量元素与人体健康息息相关，但无色无味的高砷地下水就是我们身边的幽灵杀手，长期饮用砷超标的地下水容易引起饮水型砷中毒。因此，识别地下水中砷等其他有害元素，查明其来源及成因，研发修复技术是保障地下水供水安全、提高人民生活水平的重要举措。

5–9

坎儿井是怎么回事？

如果你驱车在新疆的吐鲁番和哈密盆地中游览，在郁郁葱葱的绿洲外围戈壁滩上，就能看到黄褐色背景下凸起的一个个小土丘。它们顺着高坡向下，每隔二三十米就有一个。这些小土丘不过一人高，中间凹陷如蛋挞，像串珠一样向远处延伸。你可知在这些土丘下面，竟是和万里长城、京杭大运河并称的中国古代三项伟大工程之一吗？对了，这就是坎儿井。

坎儿井是一种独特的地下水引水灌溉系统。要想引水，就要有水源和水渠，那水源来自哪里呢？吐鲁番盆地是我国著名的“火州”和“干极”，年降水量只有16毫米，蒸发量却在3000毫米以上，因此靠天不行，只能依靠北部天山、西面喀拉乌成山的冰雪融水。可是，这些冰雪融水流出后就会渗入戈壁滩的砾石之中了，怎么才能把它们引出来呢？

新疆人再熟悉不过的就是当地的地形了，从天山脚下到盆地内部，高差很大，坡度也很大！幸运的是，这里地下水位的坡度和地面坡度相差无几，这就为开凿坎儿井提供了有利的地形条件。地下倾斜的潜水就如同地表疾奔的河流，这时如果能有一条暗渠沟通到地表，在水头压力差的作用下，这些潜水便能流出！正是循着这样的想法，古代的新疆人决定在地下挖一条暗渠，这才有了地面上的一个个小土丘——开凿竖井之用。人们挖掘一个个容得下人的竖井，下到竖井里去挖掘水平的暗渠，一段一段地挖过去，直到见到地面的出口。这时，排出地表的水再通过一段明渠输送到万家农田、果园和家

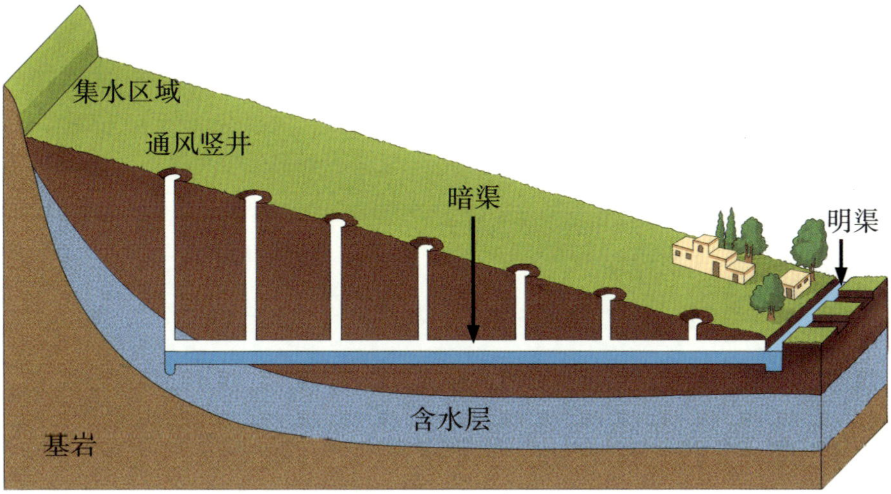

坎儿井示意图

庭。有意思的是，这些来自地下清清凉凉的地下水还可以用来养殖冷水鱼。

坎儿井可不止新疆才有，在气候干旱的伊朗、阿富汗以及非洲的一些国家，人们也修建坎儿井。坎儿井与其他灌溉方式相比较有许多优点，它结构简单，无需动力提灌设备；常年流水，水量稳定可靠；蒸发损失很少，水的利用率高。因此，坎儿井直到今天在农田水利中仍然得到广泛利用。

5–10

什么是再生水?

再生水是指废水或雨水经适当处理后，达到一定的水质指标，满足某种使用要求，可以进行有益使用的水。再生水又名中水，名称源于再生水水质介于自来水（上水）与污水（下水）之间。

为什么再生水开始被人们重视并使用呢？首先，再生水能缓解水资源短缺问题。据有关数据统计，城市供水的 80% 转化为污水，经收集处理后，其中 70% 的再生水可以再次循环使用。这意味着通过污水回收利用，可以在现有城市供水量不变的情况下，可用水量增加许多。世界各国无不重视再生水利用，再生水作为一种替代水源，正在得到越来越广泛的利用，并逐渐成为城市水资源的重要组成部分。

在美国佛罗里达州，将城市处理水（再生水）低价供给城市绿化及住宅区中水道用水；日本将再生水用于工业生产，农业灌溉，并通过再生水回灌与渗滤系统，补充地下水；以色列全国三分之一的农业灌溉都使用再生水；我国也将再生水用于农田灌溉、工业生产及绿化用水，并通过再生水回灌补给地下水。值得一提的是，利用再生水补给地下水，还可以有效防治地面沉降、防治海水入侵等。

我国地域广大，水资源贫乏且分布不平衡，再生水的利用无疑会对水资源短缺问题的解决提供巨大帮助。

5-11

如何合理地开发、利用和保护水资源？

人类的生活离不开水，水资源的供应是保障人类生存的基本条件。地球上约71%的面积被海水所覆盖，有人曾称地球为“水球”。但是为什么人们还经常大声疾呼保护水资源、节约用水呢？

原来地球表面看似取之不尽的水，绝大部分是平均盐度[1]达35‰的海水。这种盐度的海水人类无法直接饮用，也不能直接用于工农业生产。地球上可供所有生命生长的水中，97.5%是咸水，仅余2.5%为淡水，且淡水中真正可被人类利用的湖泊及地下水仅占淡水资源的13%。

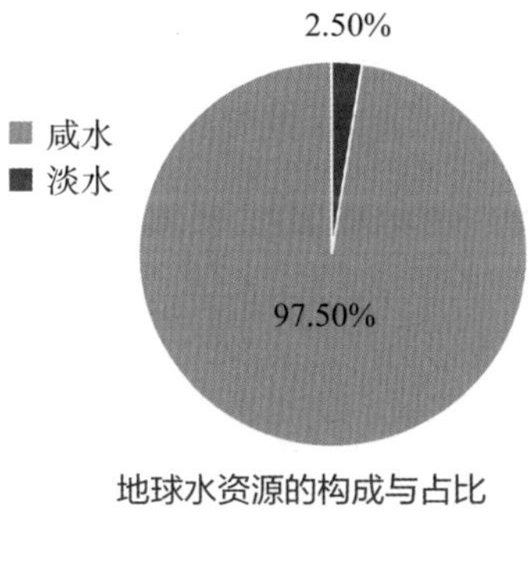

地球水资源的构成与占比

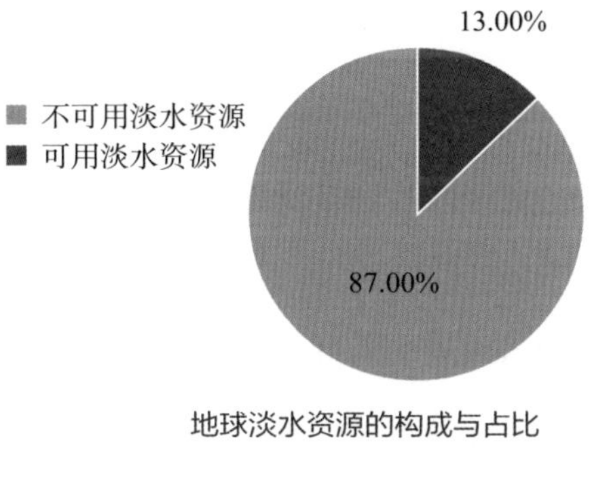

地球淡水资源的构成与占比

随着社会迅猛发展，世界各国缺水、少水的问题日益凸显。开发、保护水资源的基本方针为节水优先，治污为本，多渠道开源。节约用水应该成为

❶ 盐度指每一千克水中溶解物的克数。

全人类的共识和普遍性行动，只有这样，水资源的消耗才会下降，真正实现“细水长流”；防污治污，也是有效利用水资源的重要手段；多渠道开源包括一些非传统的水源，如再生水、淡化海水、冰川水等。

在开发利用水资源时，一定要注意科学、合理，尽最大可能避免水资源开发利用可能造成的各种环境问题。具体来说，就是开发利用量一般不得超过水资源系统的补给量，即水循环所能提供的可再生水量。否则，会引发地面沉降、海水入侵、土壤盐渍化和生态退化等局部环境问题和生态灾难，导致生态难民和生态移民的产生，造成不必要的重大经济损失和社会动荡。

另外，水资源的开发利用，还应紧密结合经济规划，不仅要与现时的需水和用水结构相协调，更应该为今后长远发展的用水结构保留一定的余地。

水资源的开发利用，不仅要注意水量的科学分配、水质的保护，还要密切注意因水位变化而带来的环境问题。对一些自然环境脆弱的干旱地区，尤其要注意对水位的控制。

在水资源的开发利用方面，还应该遵循经济合理、技术可行的原则。既要考虑供水需要，又不能忽略经济效益，包括水资源开发工程的投入产出效率、水的价值等方方面面，尽可能做到以最小的投入换取最大的产出或经济回报。在经济条件允许的前提下，尽可能做到“物尽其用”，提高水的重复利用率，节约用水。

随着地球上人口的不断增长和人类社会经济发展，淡水资源的需求会越来越多，更多地区会面临缺水问题。

第6章

地球上的固体宝藏

6–1

“矿”字是怎样来的？矿物的定义又是什么？

“矿”的繁体字写作“礦”。“矿”字的读音，在我国南、北方有所不同。据矿物学家王炳章教授研究，“矿”字至今在南方一些地区的读音仍为gong，在北方的读音则为kuàng。其实，这两个发音都是在模仿地下挖矿时的声音gong–kuàng。早期的“矿”字曾用“金”字旁，后来改为“石”字旁，近代则简化掉了里面的“黄”字，成为了“矿”。我们通常讲的“矿物”，是构成岩石的基本单元，其定义严格，符合一些标准时才算矿物。

（1）由自然过程形成。这里的“自然”指的是整个宇宙。目前，除了地球、月球，人们已经在太阳系的火星上找到了矿产。但人工合成的化合物不能算矿物。

（2）在室温（25摄氏度）下呈稳定或者亚稳定状态，这意味着矿物原则上是固态。当然，地球上的矿物存在非固态的特例，如自然单质汞。它的熔点为零下39摄氏度，但由于矿物学历史的原因，人们依然认为单质汞属于矿物。又如水在室温下呈气态、液态、固态，虽然它对生命活动极为重要，但水不属于矿物。

（3）可用化学式表示化学成分。化学式有固定式和可变式。强调“固定式”，是允许同一成分的矿物以“同质多象”形式出现；引入“可变式”则允许化合物中的某些离子可以被其他相似的离子所代替，形成“类质同象”。泥炭、煤、石油、沥青是由碳、氢等元素组成的化合物，化学式不固定，甚至不能用可变式的化学式描述，因而它们就不算是矿物，但有矿物学家把它们列入“准矿物”或“有机矿物”。

（4）矿物内部的原子有序排列。原子的有序排列，意味着矿物是晶体或者准晶体，结晶的元素或者化合物将呈现出宏观的几何性质以及物理性质，如矿物的形态、解理、硬度、颜色等。但有序并非要求有序度达到最高，形成理想晶体。实际上，矿物中理想晶体非常少见，多为有缺陷的晶体。非晶体不属于矿物，如气体。

（5）通常是非生物性的。生物体内形成的固体物质，如人体中的结石、鱼脑部的鱼耳石、植物中的草酸盐晶体、海洋软体动物的外壳，都不是矿物。但有机质在地质过程中可以形成矿物，如蜜蜡石。因此，矿物可一分为二：无机矿物和有机矿物。

6-2

什么是天然石墨?

北魏地理学家郦道元在《水经注》中记载:"洛水侧有石墨山，山石尽黑，可以书疏，故以石墨名山矣。"一语道破了石墨的特点。天然石墨是一种单质矿物，由碳原子组成，一般呈钢灰色或黑色，其硬度低，质地柔软，摸起来有滑腻感，而且会污手。

我们常用的石墨材料主要有两种来源——天然石墨与人造石墨，其中天然石墨来自石墨矿。我国是地地道道的石墨大国，石墨资源十分丰富，排名在世界前列。石墨矿床的形成需要具备两个主要条件:第一是需要有大量的碳质，且碳质集中，因为石墨主要由碳原子构成;第二是需要有合适的热力学条件，例如较高的温度、适当的压力等。当然，形成的条件不一样，石墨结晶程度也会有所不同，据晶体形态不同，石墨分为晶质石墨和隐晶质石墨，分别是鳞片状和土状。在中国，石墨矿床主要分布在黑龙江、山东、山西、内蒙古、吉林、新疆、湖南、湖北、四川等省(区)。

石墨除了做我们熟知的铅笔、耐火材料、润滑剂等，在高端设备制造、能源、信息技术等热点领域中同样有用武之地。在高端装备制造领域，石墨可以用作原子弹反应堆中的中子减速剂和防护材料;柔性石墨可以用于制造固体燃料火箭的喷嘴，导弹的鼻锥，宇宙航行设备的零件，隔热材料和防射线材料，人造卫星上的无线电链接和导电结构材料等。在新能源领域，天然石墨可以用于生产锂离子电池、新型动力电池、超级电容，也广泛应用于混

石墨矿

合动力汽车、电动汽车、太阳能汽车等领域。在信息技术领域，石墨锂电池广泛应用于通讯基站、笔记本电脑、手机等充电器，折叠显示屏中也有它的身影。

石墨烯是一种新兴的纳米材料，从结构上说，石墨烯材料就是单层的石墨，具有非常突出的强度与韧性，拉伸强度相当于钢的 200 倍，密度又很低，1 立方厘米石墨烯的质量只有 2 克，可以预见，使用石墨烯材料制成的力学构件有可能实现前所未有的轻便和牢固，但受限于成本原因，石墨烯距离真正改变我们的生活还有相当长的距离。

现如今，以天然石墨为基础的各种制品已经融入了我们现代生活的方方面面，未来，石墨烯等性能更为优异的新材料还将为人类社会带来更多的精彩。

6-3

钻石和石墨有什么异同点？

钻石即金刚石，约在公元前800年，古印度人首先发现金刚石矿物，将其制作成权贵的饰物。钻石约在公元前400年传入古希腊，并深受哲学家、诗人们的喜欢，柏拉图称其为“不可战胜的”，并命名为“钻石”，沿用至今。钻石是自然界中最坚硬的物质，晶体透明而闪光，价格昂贵，因此钻石的成分也备受人们关注。文艺复兴时期，随着化学实验方法的建立，才揭开钻石成分的奥秘。1694年，意大利科学家用大型的放大镜把阳光聚焦在一颗美丽的钻石上，结果发现钻石可以燃烧！1772年，化学之父拉瓦锡别出心裁，把等质量的煤与钻石分别燃烧，发现它们最终形成了等质量的CO_2，由此拉瓦锡得出结论：煤与钻石都是由碳元素组成的！

实际上，含有碳元素的煤不是矿物，由碳形成的单质矿物只有两种：金刚石（钻石）和石墨。石墨我们已经认识，是制作铅笔芯、电极、电池芯等物品的原材料，石墨“黑乎乎”的，质地又软，同是由碳元素组成的，相比之下，钻石与石墨有着“天壤之别”，原因就在于两者在晶体结构、物理性质、形成条件、形成年代等方面都相差甚大。

如结构示意图所示，石墨晶体中，每个碳原子与相邻的3个碳原子相连，6个碳原子处于同一个平面上，各层间联系较弱。所以触感光滑、柔软（摩氏硬度只有1 ~ 2）。而金刚石的晶体呈正四面体，多以八面体、菱形十二面状产出。触感清凉，棱角分明，其摩氏硬度达10。此外，石墨与

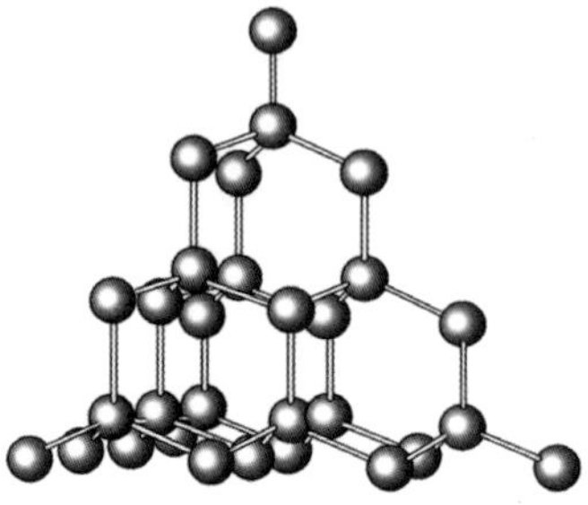

金刚石原子结构示意图

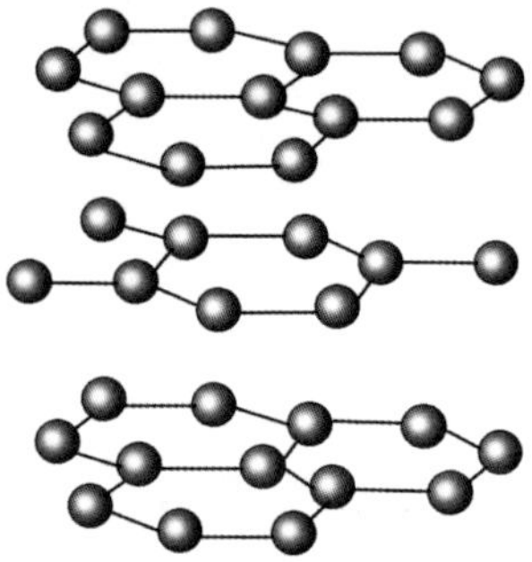

石墨原子结构示意图

金刚石的形成环境也不同。地质学家在野外观察中发现，石墨可以是煤系岩石变质的结果，它出现在侵入岩体的边缘，在高温下形成。而金刚石则出现在陨石中，可能是在陨石撞击地球时瞬间的极高温、极高压下形成的，如俄罗斯西伯利亚的金刚石矿；金刚石还出现在地下隐爆的火山岩中，称金伯利岩或钾镁煌斑岩，如我国山东蒙阴的金刚石矿，是在地幔深处或者板块俯冲带形成后由这种岩石快速带到地表的。试验证明，金刚石的形成温度为 1100 摄氏度之上，压力在 4.5 吉帕斯卡[1]，相当于地下 150 ~ 800 千米深度范围的温度、压力环境。可见，金刚石形成的环境比石墨形成的环境“严酷”得多。

❶ 吉帕斯卡简称吉帕（GPa），1 吉帕 =1000 000 000 帕。

6-4

“钻石恒久远”，钻石是最古老的矿物吗？

钻石璀璨的火彩，闪烁的光泽，是其他宝石无法相比的。钻石有多种寓意，其一是永恒。“钻石恒久远”的“恒”可理解为面向未来的永恒，“久远”可理解为形成时间的久远。根据统计，地球上已经发现的为数不多金刚石矿的年龄集中在两个区间：一是33亿年前，二是距今17亿~12亿年前，可以说均很久远了，但很遗憾，未能与地球“同久远”。20世纪末，地质学家在加拿大北部、格陵兰岛西部、我国河北省东部等地发现的锆石，经铀－铅年代学测定年龄达38亿年，可见，钻石不是最古老的矿物，锆石“更久远”。

钻石

锆石属含氧盐大类矿物，主要由锆、硅、氧三种元素组成，并可能有微量的铪、钍、铀、铝、铁、铬、镁、锰、钛等元素进入锆石晶格。其他元素的参与，一方面让锆石具有丰富的颜色；另一方面，因为含同位素半衰期极长的放射性元素铀，使锆石可用于地质年代测定。锆石在常温常压下具有高度的稳定性，抗氧化、耐腐蚀，能持久保持矿物形成时的化学组成与物理性质，比亚稳定的金刚石更恒久地保持“初心”。此外，锆石形成于花岗岩之中，花岗岩风化后，锆石经河流搬运以重矿物的形式赋存于沉积岩中。因而，锆石分布广泛，可用来确定地球早期事件发生的时间。

在澳大利亚西部的杰克·希尔山区，在变质砂岩中发现了 42.76 亿年的锆石，通过进一步详细采样测定，最终确定其年龄为 44.04 亿年。比地球的“零点时间”只差约 1.6 亿年！这颗 44 亿年的锆石，几乎是人类已获得的最古老的矿物。它在突变或者灾变环境中形成，结晶成矿物的时间与流传至今所经过的 44 亿年相比，只算是“一刹那”吧，而且还一直保持“初心”！

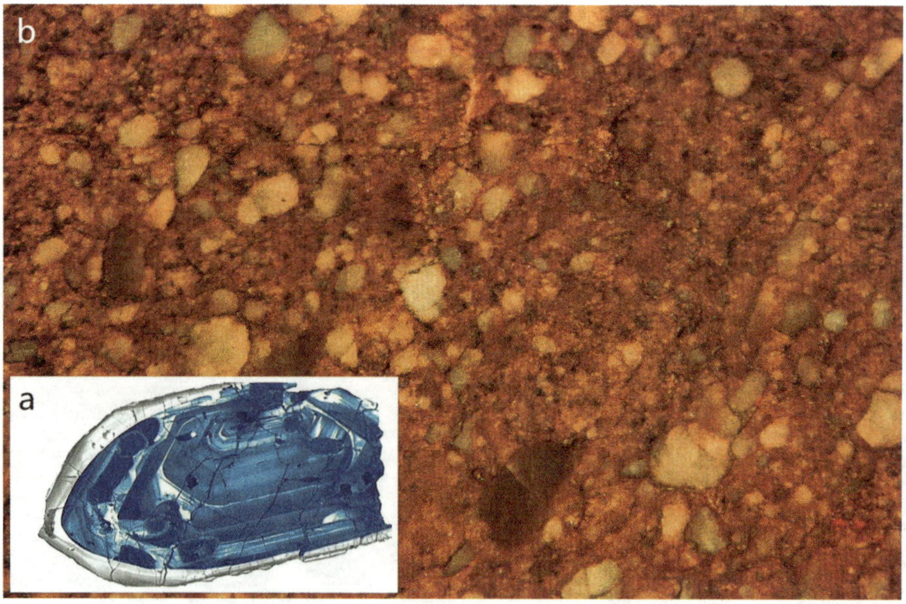

发现含最古老矿物锆石（a）的变质砂岩（b）

6–5

矿物主要有哪些用途?

矿物是自然形成的，具有一定化学成分和内部结构的天然结晶态的单质或化合物，是组成岩石和矿石的基本单位。截至 2023 年，地球上发现的矿物约有 5 千多种，矿物与人类的生产生活密切相关，接下来我们就一起看看矿物主要有哪些用途。

很多矿物富集就会形成矿产，人类可以从矿物中提取有用元素和冶炼工业需要的各种金属。我们的生存发展离不开矿物，例如涮羊肉使用的铜火锅的制作原料是金属铜，自然铜、黄铜矿、斑铜矿、蓝铜矿、孔雀石等是提炼铜的矿物原材料；再如，我们建房子需要钢铁，磁铁矿、赤铁矿、针铁矿等是提炼铁的矿物原材料，不胜枚举。矿物还是非金属材料的主要原料，如磷灰石可作为提炼磷的矿物原材料。

很多绘画所用的颜料来自矿石。矿物颜料有性状稳定、不易褪色的优点。北宋名画《千里江山图》中所用的蓝色和绿色颜料，就取自石青与孔雀石；再如，赭黄色取自于褐铁矿，正黄色取自于雄黄。

很多矿物具有药用价值。朱砂有静心安神的功效，在现今的中成药中仍在使用。雄黄有解毒杀虫的功效，中国一些地区至今仍有端午节饮雄黄酒的风俗。石膏则是中西医，内外科广泛使用的矿物，内服有清热泻火的作用，外用则可固定骨折病人的骨头。

很多精美矿物还能做装饰品。它们色泽鲜艳、晶莹剔透，带给我们无尽

青绿山水画《千里江山图》局部

的美，如红宝石、蓝宝石、祖母绿、紫水晶、钻石、碧玺……

同时，我们的人体也离不开矿物。例如我们的牙齿、骨骼，我们耳朵里掌管听力和身体平衡的耳石等。

矿物的用途还有很多，等待大家去发现和探索。

6-6

美味的“石锅”里藏着哪些秘密？*

享用美味的石锅料理时，你的脑海里肯定闪过一丝疑问：这些石锅是用石头制成的吗？是什么石头呢？

石锅料理

* 选编自《地球》，2022 年，第 1 期，第 63-66 页，厨房里的地质学：韩式石锅和墨脱石锅大比拼，作者董汉文等。

早在石器时代，古人类就开始以石为锅，除了石制锅，其他容器、炊具、汤勺也都就地取材。当时的人类外出狩猎时，只需带上一包盐巴，利用简单食材，就能煮出一锅美味的料理。我们知道，地球表面分布着各式各样的岩石，但并不是所有的岩石都可以用来制作石锅，这与岩石本身的类型、矿物组成、颗粒大小、结构构造等属性密切相关。目前市面上有两种常见的石锅类型，一种是拌饭用的石锅，这种石锅是由花岗岩制成的；另一种是墨脱石锅，是由墨脱当地的蛇纹滑石片岩制成。拌饭用的花岗岩石锅一般使用寿命约半年，易产生破裂。相比之下，墨脱石锅却非常耐用。同样是石锅，为何差别如此之大？这还要从花岗岩和蛇纹滑石片岩的性质说起。

有学者曾对花岗岩受热后的变化做过详细的研究，将花岗岩的破裂称作热破裂，它主要是由温度变化引起的。花岗岩内的矿物颗粒（石英、长石等）由于热膨胀和冷收缩的差异性，矿物颗粒之间产生温度应力，从而产生热破裂。不同温度的作用方式会对岩石内部的热应力分布造成很大的影响，热破裂机理不同，劣化程度不同，其力学性质会有很大差异。热破裂声发射特征实验结果显示在升降温 600 摄氏度范围内，升温过程中热破裂主要发生在 300 摄氏度以上，尤其以 460 摄氏度以上更为剧烈，主要发生弹塑性热破裂。而降温过程中，热破裂主要发生在 100 ~ 300 摄氏度温度段，主要发生脆性热破裂。脆性热破裂就是韩式石锅破裂的最主要原因。

蛇纹滑石片岩主要由滑石、云母及闪石类等矿物组成，多呈纤维状、片状，质地较柔软，便于当地的工匠师傅手工雕刻；而且可以耐 2000 摄氏度高温，表面丝滑，正是这些特点，使墨脱石锅能使用很长时间。

不管是哪种材质，用于制作石锅的岩石必须具有如下特征：块状、致密、耐高温、韧性好、易导热、易雕刻，而且不能含有害物质。相信当你再次食用石锅料理时，一定会有新的认识！

6–7

人们是如何找到有用矿产的?

手中拿着地质罗盘或某种“神秘仪器”就可以找到深埋在地下的矿藏吗？当然不是！找矿涉及很多知识，还形成一门系统且复杂的技术方法体系——找矿地质学。

现代找矿，大致包括地质找矿、地球化学找矿、地球物理找矿三大方法，还辅以遥感卫星等手段。

地质找矿是历史最悠久、也是最直接的找矿手段，人们根据经验，在野外识别出露地表的各种蚀变现象和矿化露头，进而找到地表下面的有用矿产进行开发。这种方式对矿藏丰富、露头显著的地区，起到了重要找矿作用。

随着浅表矿藏的开发殆尽，人们将目光转入地下。现代地质勘探可分为地球化学勘探和地球物理勘探，这些方法都是随现代科技发展逐渐产生的。

形成于20世纪30年代初的地球化学勘探（简称化探），则是利用化学手段来进行找矿。确切地说，化探是通过分析采自勘探区的各种岩石样品，进而研究区域地球化学特征、找出某种元素高于其地壳平均值的异常值，并圈出异常区域进一步勘探的找矿方法。

实际上，化探继承了人类早期地质找矿的传统，只不过辨识标志从肉眼可见的蚀变和矿化特征，变成了利用化学手段检测出的具体数字。这一改变，将辨识能力从万分之几一下子提升到百万甚至上亿分之几的高度，提高了好几个数量级，大大提高了找矿效率。因此，化探已成为难发现、难识别矿种勘探的主导方法。

地球物理勘探（简称物探），与常用的CT、B超等医疗探测手段类似。通过无损物理探测方法，查找各种异常，进而找到矿产资源。构成地球的各种岩石，其密度、磁性、导电性等诸多物理性质一般都存在一定差异，物探就是利用岩石的这些物理性质差异，通过找出勘探区的密度、磁性和导电性等差异或异常，发现地下隐伏矿体进行深部勘探。用于野外测试不同岩石蚀变和矿化等地球物理参数的仪器，称为自然物探仪。现代的各种物探仪器，都是以物理学、电子学和计算机等多学科理论、方法和技术为基础，探测地球内部的各种物理信息，发现各种异常，供地质学家进一步甄别、研究。野外通过物探仪器获得各种数据后，需要通过计算机软件进行数据处理、绘图，从而进一步分析研究区的物探异常并对找矿作出指示。

动物和植物也可以用来找矿。某些特殊植物指示着其地下某种特定金属矿产的存在。从本质上讲，这都属于地球化学找矿的范畴。非洲的赞比亚有着丰富的铜矿资源，该国也因此被人们誉为“铜之国”。在赞比亚流传最广泛的故事是有关铜矿的。当地一位老猎人捕获一只羚羊，结果发现这只羚羊的血液是铜锈一般的绿色。后来，地质学家们发现该地区的植物大都含有丰富的铜，由此发现埋藏在地下的大型铜矿。这块由猎人发现的铜矿区被命名为“会跑的羚羊”铜矿。

6-8

矿产是如何从地下开采出来的?

固体、液体和气体矿产分别是怎么从地下开采出来的？下面就以煤炭、石油和天然气为例进行介绍。

固体矿产　　煤炭是我国重要的固体矿产之一。对于埋藏较浅的煤层，可以通过剥离表土将煤矿暴露出来进行露天开采。深部煤层往往埋藏于地下几百米甚至上千米。在固体矿产开采中，井属于非常常见的探矿及采矿工程，根据其不同的建造方式和用途可分为：竖井、斜井、暗井、天井、石门、平硐等，其中，竖井类似于垂直升降电梯。通过竖井，开采出来的煤就可以被运输到地面。斜井类似于商场中常见的手扶电梯，是从地面倾斜向下延伸至开采煤层，然后通过在斜面上安装带式输送机将采出的煤运至地面。

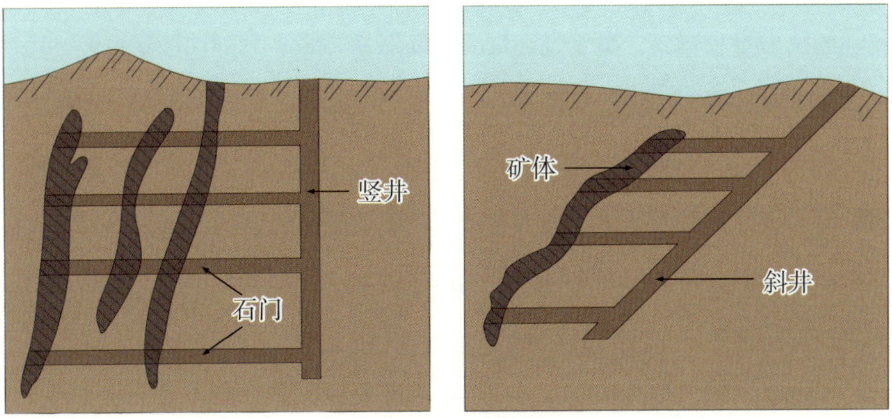

竖井和斜井开采示意图

液体矿产　　石油是我们最熟悉、也是最重要的液体矿产，其主要用途多种多样：不但可用于制造各种燃油，也是许多化学工业产品，如塑料、化肥和农药等的原料，有着“工业的血液”之称，在人们日常生活中有着不可或缺的重要作用。

早期人们主要开采埋藏浅、压力小的油层，并主要采用原油提捞的手段来开采，就像用吊桶在水井中提水一般，用绞车将石油从井下采出。

到了近现代，随着石油勘探手段的不断发展，越来越多埋藏在地层深处的油藏被发现。于是，新的开采技术应运而生。

地下深处的储层本身承受一定压力，因此石油可以沿着通道到达地面，再被人们收集。这种开采方式就是自喷采油，常发生在油井开发初期、地下压力足够大的阶段。通过钻机打通一条通往油层的通道，即钻孔，石油会沿着钻孔像喷泉一样喷出地表。油层内压力越大，喷出来的油越多，速度越快。随着石油的不断喷出，油层内压力逐渐减小，直至停止喷出。这时就需要采用人工手段给油层补充压力，以便将剩余的石油开采出来。目前常用的方法有气举法和抽油法。

气体矿产　　气体矿产的代表有天然气、煤层气和页岩气等。毫无疑问，相比固体和液体矿产，气体矿产的密度要低得多，因而在地层和管道中流动的阻力也小得多；由于气态物质的膨胀系数大，其弹性能量也大。因此在开采这些气体矿产时，一般采用自喷方式，这种方式与自喷采油很相似。

因为有些气体矿产的钻井压力一般较高，加上天然气属于易燃易爆气体，对采气井口装置的承压能力和密封性能的要求，就比对采油井口装置的要求高得多。有时由于开采过程中气体压力减小，周围的地下水会涌进气藏将岩石裂隙堵住，导致部分区域内的气体无法流动，形成死气区，导致气藏开采率降低。就目前的技术而言，治理气藏水患主要从两方面入手，即排水或堵水。排水主要是通过井筒排出积水；堵水是采用机械卡堵、化学封堵等技术方法，将产气层和产水层分隔开来，或是在气藏内建立阻水屏障。

大名鼎鼎的诗仙李白也开采过矿？很可能。有人从他的诗中推测出，李白大概率参与过铜矿和铅矿的开采，“我爱铜官乐，千年未拟还”“鸡鸣发黄山，暝投虾湖宿”“提携采铜客，结荷水边沐”“采铅清溪滨，时登大楼山”。看来不但开采，李白还自运自贩，并乐在其中。

6–9

盐为何如此重要？

盐是我们日常生活中必不可少的调味品，此外盐还有杀菌消肿功效等。近年来的考古发现，早在仰韶时期（公元前 5000 年—公元前 3000 年），我国先民已经会煎煮海盐，并有“夙沙氏煮海为盐”的说法。

盐

在很长一段历史时期中，盐对于农业社会意义非凡：有了盐，食之有味，可以保持身体微量元素平衡，食物可以长期保存；有了盐，可以促进贸易的发展，先秦时期的齐国就因“通商工之业，便鱼盐之利”而富甲一方。盐还曾长期属于专营货品甚至是货币，到西汉时，盐与铁已经成为国家重要的财政收入来源，并有《盐铁论》这样的重要文献留存。我国历史上有多个因产盐、盐贸易而兴旺发达的城市，如自贡、盐城、扬州等。

我国自古有“盐为百味先”之说，可见盐对于食物的重要性。由此，还引申出“齑盐自守”以描述品德高尚的人，甘于清贫、不慕荣华。有趣的是，在西方也有“ salt of the Earth”这样的词指代那些坚持操守的社会中坚、精英。

除了对生物生存具有重要作用，看似普通的盐还参与了我国现代化学工业的发展。这就不得不提著名的“联合制碱法”。我国著名化学家侯德榜于1943 年创立的“联合制碱法”，被世界各国广泛用于纯碱（Na_2CO_3）制造。

从广义来讲，钾盐、锂盐、镁盐等化合物也称为盐。我国曾经是“贫钾国”，随着察尔汗钾盐矿的发现，中国一跃成为世界第四大钾肥生产国，极大助力了我国农业的发展。盐卤中的硼、镁、锂等元素都是航天、军工等行业的重要原料。所以，别看这些盐很普通，却是地球了不起的馈赠。

6-10

煤炭是如何形成的?

煤是远古时期的植物经两个阶段（泥炭化和煤化）、两种作用（生物化学作用和物理化学作用）转变而成的。第一阶段是泥炭化，植物残骸经过复杂的生物化学作用，既分解又化合，最后形成泥炭或腐泥。它们都含有大量的腐殖酸，与植物已有很大的不同。第二阶段是煤化，主要包括两个连续过程：泥炭层→褐煤→烟煤和无烟煤。

上述变化过程是在地热和静压力的参与下进行的。首先泥炭层经压实、失水、老化、硬结等物理化学变化而转变为褐煤，与泥炭相比，褐煤的密度大，在化学组成上碳的含量相对增加，腐殖酸和氧的含量减少。随着地壳继

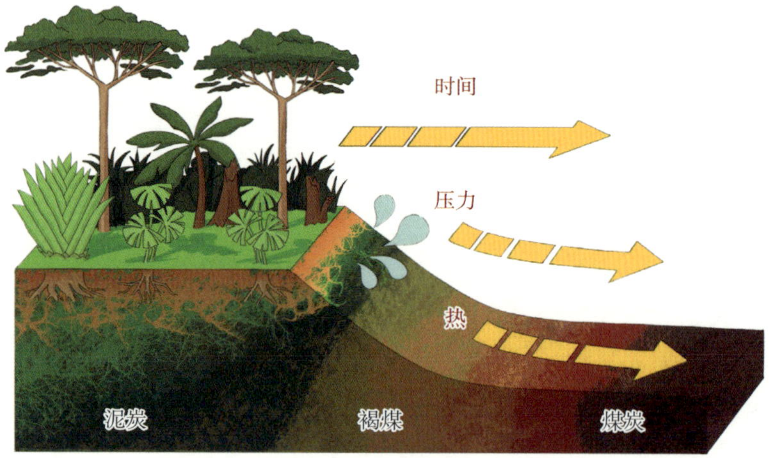

煤炭形成过程示意图

续下沉，褐煤的覆盖层也逐渐加厚。在地热和静压力的持续作用下，褐煤进一步被压实而失水，其内部组成、结构和性质都进一步发生变化。这个过程就是褐煤变成烟煤的变质作用。与褐煤相比，烟煤的碳含量较高，氧含量减少，腐殖酸消耗殆尽。在这样的环境下，低变质程度持续向高变质程度变化，相应的变质产物就有了低变质程度的长焰煤、气煤，中等变质程度的肥煤、焦煤和高变质程度的瘦煤、贫煤。它们的碳含量也随着变质程度的加深而增多。

在这个变化过程中，时间、温度和压力起到至关重要的作用。随着地层加深，地温升高，煤的变质程度就逐渐加深。高温作用的时间愈长，煤的变质程度愈高，反之亦然。在温度和时间的共同作用下，煤的变质过程基本上是化学变化过程，如：脱水、脱羧、脱甲烷、脱氧和缩聚等。压力也是煤形成过程中的一个重要因素。随着煤化过程中气体的析出和压力的增大，反应速度会愈来愈慢，但却能促成煤化过程中煤质物理结构的变化，能够减少低变质程度煤的孔隙率、水分，同时增加密度。

当地球处于不同地质年代，随着气候和地理环境的改变，生物也在不断地发展和演化。就植物而言，从无生命一直发展到被子植物。这些植物在相应的地质年代中形成了大量的煤。在整个地质年代中，全球范围内有三个大的成煤期：①古生代的石炭纪和二叠纪，成煤植物主要是孢子植物，主要煤种为烟煤和无烟煤。②中生代的侏罗纪和白垩纪，成煤植物主要是裸子植物。主要煤种为褐煤和烟煤。③新生代的新近纪，成煤植物主要是被子植物。主要煤种为褐煤，其次为泥炭，也有部分年轻烟煤。

6-11

稀土究竟是什么？

近年来，人们通过新闻报道越来越多地了解到：稀土是重要的战略资源。那么稀土是什么呢？在下面这张元素周期表中标注红框的成员即：从左往右数的第三列、自上而下的前三个，第 21 号元素钪（Sc）、第 39 号元素钇（Y）和第 57 ~ 71 号的镧系元素❶【镧（La）、铈（Ce）、镨（Pr）、钕（Nd）、钷（Pm）、钐（Sm）、铕（Eu）、钆（Ga）、铽（Tb）、镝（Dy）、钬（Ho）、铒（Er）、铥（Tm）、镱（Yb）、镥（Lu）】，这 17 种元素统称为稀土元素。其中按矿物特点分：La、Ce、Pr、Nd、Pm、Sm 和 Eu 属轻稀土元素（7 种）；Ga、Tb、Dy、Ho、Er、Tm、Yb、Lu 和 Y 属重稀土元素（9 种）。

如果仅从字面上理解，以为稀土元素是指“稀有”的“土”——那就错了。其实稀土元素并不“稀”。“稀土”这个名字的由来还要从第一种稀土元素的成功分离说起。1794 年，芬兰化学家加多林（Johann Gadolin）从类似沥青的重质矿石中分离出“钇土”（Y_2O_3）。此后，因发现的稀土矿物种类较少，当时只能用化学法制得少量不溶于水的氧化物，而化学界习惯将这种氧化物称为“土”（如ⅡA 族的元素又被称为“碱土金属”）。后来，人们就用“稀土”给这一族元素命名。

---

❶ 在元素周期表中，一般是一个元素占据一个空格，而镧系和锕系则分别包含 15 种元素。由于该系元素的性质非常相近，为了保持周期表的美观，就只能让这些元素“委屈”一下，挤在“一个房间”里了。

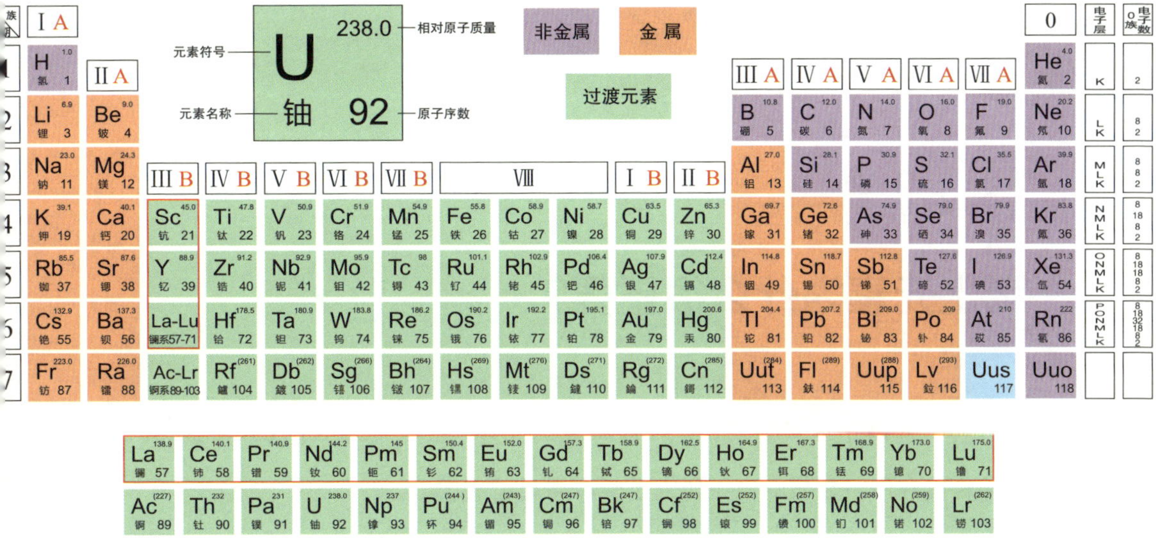

稀土元素在元素周期表中的位置

稀土元素多以氧化物的形式存在，虽然“其貌不扬”，但是随着近年来科技的发展，这一族元素在高性能电池制造、催化、电子工业中获得广泛应用。2008 年以来，美国及欧盟连续发布涉及矿产资源的研究报告，其中都重点提及了稀土元素——各科技强国已将其提至发展战略高度。

6-12

稀土元素为什么很重要?

稀土元素很重要吗? 答案是肯定的。简单来讲，稀土元素及其化合物的出色性能在许多领域的应用研究已经取得显著成绩。

稀土元素应用

磁性　　利用稀土元素化合物的磁性制造的永磁材料广泛用于计算机、新能源汽车、风力发电机、节能家电的制造等。

发光性　　利用稀土元素化合物的光谱特性研发的三原色荧光粉，可用于制造性能出众的照明材料。

催化剂　　在石油化工、橡胶制造及环保领域，作为高效催化剂的稀土元素化合物也有大显身手的空间。

材料改性　　稀土化合物作为添加剂加入 PVC（聚氯乙烯）后，可显著提高 PVC 耐老化性能——这对航空航天领域的发展有重要意义。

耐热材料　稀土元素化合物可用于制造耐热材料，可耐受 1400 摄氏度的高温，而保持很低的导热率。

储氢　镧镍系合金制成的储氢材料具有易活化、热稳定性、耐杂质气体中毒、化学性能稳定等优势，使燃料电池材料的更新换代成为可能。

基于上述重要性能，稀土已成为科技发达国家争夺的战略资源。早在 2007 年，日本文部科学省、经济产业省等部门提出“元素战略计划”“稀有金属替代材料开发计划”；2008 年，稀土材料被美国能源部列入“关键材料战略”；欧盟于 2010 年宣布建立稀土战略储备。为了长期的发展策略，这些老牌科技强国早已开始谋篇布局。

我国稀土资源丰富，占据四个世界第一，即储量第一、产量第一、出口量第一、消费量第一。中国是稀土大国，稀土资源储量约占全球已探明储量的 42%，因此业界素有“中东有石油，中国有稀土”的说法。除了以量取胜，我国科研人员近年来一直致力于研究稀土矿产资源的勘探、开采、提炼与分离技术及工艺，并积累了丰富的经验。经过几十年的发展，我国不光有稀土矿，还拥有全球领先的相关技术以及完整的产业链。

我国早在 1963 年挂牌成立了包头稀土研究院，重点研究内蒙古白云鄂博的稀土资源。该院参与了“神舟系列飞船”“中国探月工程”和“载人航天”等诸多国家重点工程，研制生产了大量的关键材料和器件，为我国稀土资源的开发、利用做出了巨大贡献。随着国际格局的变化，我国对稀土开发的重视达到前所未有的程度。2021 年 12 月 23 日，中国稀土集团有限公司在江西省赣州市成立，这意味着“一南”（江西赣州）、“一北”（内蒙古白云鄂博）两大稀土巨头各自依托本地资源优势，协同打造中国“稀土强国”的格局初步形成。

6-13

洋底有什么宝贝?

相信看过《西游记》的人都知道，孙悟空的如意金箍棒是东海的镇海之宝，又名“天河定底神珍铁”，使我们对海底充满了无尽的遐想，海洋里到底有没有宝贝呢？让我们回到现实世界，其实，海洋整体就是一个巨大的宝库，在这里只简单介绍几种。

锰结核　　人们很早就知道海洋深处蕴藏着一些宝藏，19 世纪 70 年代，英国的科学考察船就曾经在大西洋发现锰结核。经过各国科学家的勘探，已探明的储量估计在 30000 亿吨以上，其中北太平洋储量约 17000 亿吨，占总储量一半以上。

石油天然气　　作为工业社会运转的血液，石油资源的勘探、开发关乎各个产业的发展。2021 年，全球石油剩余探明储量为 2362.3×10^{8} 吨，全球天然气剩余探明储量为 205.3×10^{12} 立方米，而海洋石油资源在全球石油资源中占极大比例。

海滨砂矿　　一是海滨地带由河流、波浪、潮汐和海流作用，使重矿物碎屑聚集而形成的次生富集矿床。它包括现处在海滨地带的砂矿，也包括在地质时期形成于海滨，后因海面上升或海岸下降而处在海面以下的砂矿。主要有金红石、钽铁矿、磁铁矿等。

海底热液　　海底热液口的喷出物颜色多偏黑，且沉积物不断累积增高形似烟囱，因而又被称作“黑烟囱”。热液矿其实是一种含有大量金属的硫

海底黑烟囱

化物（多金属硫化物），由海底裂谷喷出的高温岩浆冷却形成。

可燃冰　　可燃冰又称天然气水合物，是由水与天然气在高压、低温条件下混合构成的冰态固体物质，主要埋藏在深海海床沉积层。据测算，仅我国南海地区可燃冰资源就达 700 亿吨至 800 亿吨油当量。

此外，洋底还蕴藏着大量煤、铁、镍、稀土等资源。这些矿产现在虽然深藏海底，随着人类科技的发展，它们终会发挥作用。

陆地上已探知的矿产，洋底几乎都有，但洋底的地质环境比陆地更加复杂，勘探难度也更大。假以时日，当人类克服了勘探上的困难，洋底的矿藏将给人们带来更多惊喜。

6–14

夜明珠真的存在吗?

从古至今，人们始终怀着迷惑不解的心情，对夜明珠津津乐道，用夜明珠编造神话故事，或是出现在诗句中，例如在唐王翰的《凉州词》中说道："葡萄美酒夜光杯，欲饮琵琶马上催"，广为传颂。如此神秘而有魅力的夜明珠真的存在吗？这还要从矿物的性质说起。

传说中的夜明珠，是由于白天受到阳光照射后，到了夜间仍会发光。在外加能量（又称为激发源，主要有紫外线、可见光、电子束、X 射线、γ 射线、高速质子流、加热、摩擦、加电和化学试剂等）作用下，某些矿物发出某种颜色可见光的现象，称为矿物的发光性。

依据激发源的不同，可分为光致发光（激发源为紫外线、可见光等光线）、阴极射线发光（激发源为电子束）、高能辐射发光（激发源为 X 射线、γ 射线、高速质子流）、热发光、电发光、摩擦发光和化学发光。

矿物能够在外加能量的作用下发光。一般地，当停止外加力量作用后，矿物发光立刻消失者，称为荧光。常见的荧光矿物有方解石、白钨矿、水锌矿。在不同光源（波长不同）的照射下，可能会产生不同的颜色。许多不含杂质的矿物通常不会有荧光效应，当矿物中含有过渡金属元素、稀土元素和某些锕系元素时，在紫外灯照射等作用下，会呈现出各种颜色的荧光。地质学家可利用矿物的荧光效应进行找矿，如在野外用荧光灯寻找白钨矿（荧光灯下呈现出浅蓝色的荧光）。

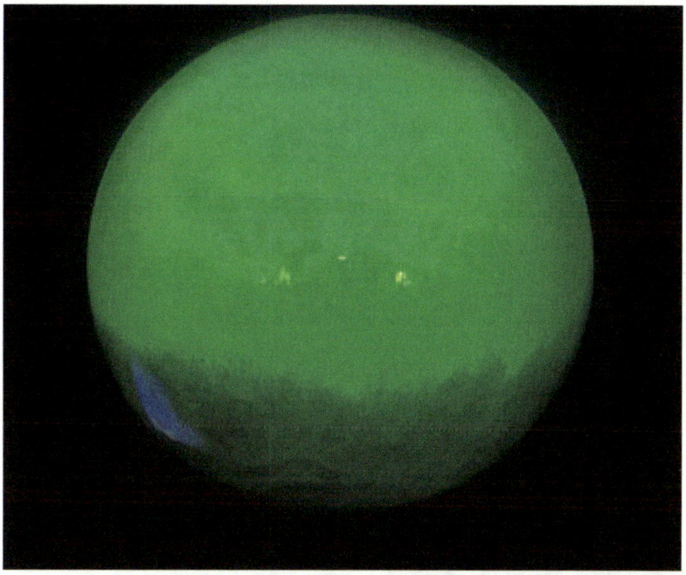

人造夜明珠

有些矿物在外界能量激发下发光，当外界能量停止激发后，仍然能持续发光一段时间，这就是磷光。从发光原理来讲，若存在夜明珠，它实际上应该是能发磷光的矿物，如磷灰石、萤石等。人造夜明珠是人工添加夜光粉或磷光粉的萤石或方解石球，有些甚至是有机材料做成的球体。真正能持续长时间发强光的天然矿物目前未曾报道过。

6-15

如何简便快速地识别“愚人金”？

仔细观察下面这两块矿物标本，左边一块立方体的集合是典型的黄铁矿，右边一块不甚规则的，是自然金。

黄铁矿

自然金

黄铁矿是一种铁的硫化物，化学式为 FeS_2。因有时颜色和形态与黄金相似，加之经常与金共生或伴生，且绝大多数情况下黄铁矿就是黄金的载体，所以很多人会把黄铁矿和金矿石混为一谈，被称作“愚人金”。

曾经有一队地质队员到偏僻的乡村开展地质调查，村民认定他们是寻宝和鉴宝专家，纷纷拿出珍藏多年的“宝贝”请专家鉴定。一位七十多岁的老人，颤颤巍巍地走进来，从内衣兜里掏出用手帕里三层外三层包着的“宝贝”——拳头大小、黄灿灿、沉甸甸。老人说这是“黄金”，经地质队员鉴定，发现这块“黄金”只是一块非常普通的黄铁矿。

被黄铁矿蒙骗的情况不在少数，否则它也不会被叫“愚人金”了。其实，想要区别黄金和黄铁矿非常简单，只需下面几个步骤就可以做到。

看外观　　黄铁矿和黄金的晶形完全不同。黄金通常长得像一个小土块，也可以称它为“狗头金”。除了这种晶形，黄金还有树枝状、片状和不规则的粒状。而晶形发育良好的黄铁矿一般呈立方体、八面体，还有特殊的五角十二面体。这样一对比，两种矿物的晶形区别就很明显了：一个长得‘随心所欲”，一个长得“规规矩矩”。

掂分量　　同样体积的两种矿物，由于密度差别很大，黄金的质量是黄铁矿的 3 倍！遇到晶形不明显的标本，有经验的人只要用手掂一掂，就知道是黄金还是黄铁矿。如果掂不出区别怎么办呢？还有一个非常简单的办法，可以一试即出。

划条痕　　在买卖黄金与黄金饰品的店铺，人们常会用碧玄岩（又叫“试金石”）来检验真假黄金。在待测样品上面轻轻一划，黄金划出来的条痕是金灿灿的，而黄铁矿划出来的条痕是黑绿色的。

借助以上三个简单的办法，我们就可以非常准确地区分黄铁矿和黄金了。

6-16

“龙甲”是龙的铠甲吗？*

我国西部边陲的戍边战士在巡逻中，有时会见到地面有许多岩石闪闪发光，像鳞片一样。久而久之，战士们就把它们称作“昆仑龙甲”。其实，从地质学角度看，这些像鳞片一样的岩石都是变质岩。变质岩可以细分为板岩、千枚岩和片岩等，它们是由沉积岩在不同温度、压力条件下转变而形成的变质岩。

板岩、千枚岩和片岩都具有成层的外貌特征，这些层并不是沉积岩中一层一层堆积起来的“层理”，而是在造山过程中受到定向压力形成的“面理”。在一些变质级别不高的板岩中还保留了沉积岩的原生层理，可以清楚地看到面理和沉积层理的高角度交切。这些现象说明，岩石的面理是被造山运动“锤”出来的。造山运动不仅能“锤”出面理，甚至能把圆滚滚的砾石“锤”成铅笔一样的长柱形。不同面理形成的压力有大有小，一般都在 2 千巴[1]以上，有些片岩的形成压力可以达到 15 千巴甚至更高。被戍边战士们称作“龙甲”的片岩正是在这种高温高压下千锤百炼形成的。

片岩的外貌虽然都像鳞片一样，但组成它们的片状矿物却千差万别，数不胜数，因此，片岩的容貌也千姿百态，美不胜收。

---

* 选编自《地球》，2021 年，第 6 期，第 56-61 页，片岩“龙甲”中的精英，作者王清晨。

❶ 千巴为地质学中常用压强单位，1 巴为 10^5 帕。

自然界中矿物单个晶体的形状可以按照它们的长轴、中轴、短轴的相对长短分成三大类：一类是粒状的，即矿物的三个方向轴的长度相近，例如黄铁矿、石榴子石等；另一类是柱状的，即长轴极长，另外两个轴的长度相近，例如石英、角闪石、祖母绿等；还有一类是片状的，即短轴极小，另外两个轴的长短相近或不等，如云母等。

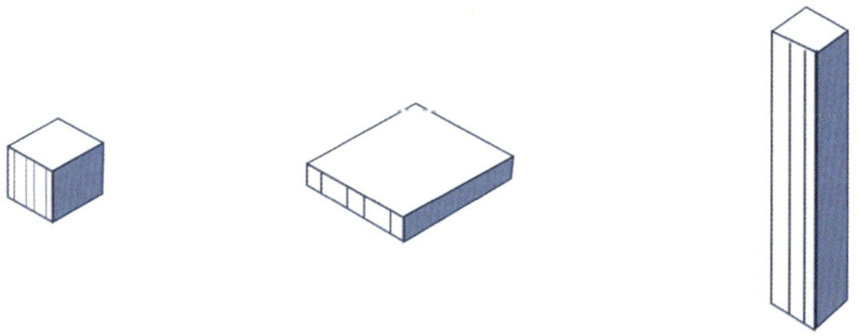

粒状矿物（三个轴长度相近）　片状矿物（一轴极短，另两轴长度相近）　柱状矿物（一轴极长，另两轴长度相近）

矿物单晶体形状

组成片岩的主要矿物是片状矿物。不同的片状矿物组成的片岩具有不同的颜色，如果里面还夹着其他形状的矿物，就会呈现不同的结构构造，会形成外观不同的片岩。例如：最常见的片岩是由黑云母和白云母组成的，其中往往含有长石和石英这些矿物，使云母片构成的面理出现波状起伏的外貌，其中包裹的长石往往就像是一个个眼球，称为眼球状构造。

片岩既可以其中特征矿物冠名，如黑云母片岩、绿泥石片岩等；也可以颜色命名，如绿片岩、白片岩、蓝片岩等。

在众多片岩中，有一些还具有指示意义。如蓝片岩是大洋地壳俯冲到海沟环境的产物。在板块汇聚环境中，大洋地壳被俯冲到海沟深处，经受高压变质作用，原来洋壳上的玄武岩和大陆边缘沉积的砂岩、泥质岩等经过构造搅拌和碾压，就形成了蓝片岩。在日本、中国台湾省和美国加利福尼亚州都发育了大量蓝片岩，这是由太平洋板块俯冲造成的。在我国的喜马拉雅山、昆仑山、祁连山、秦岭等一系列山脉中也发现了蓝片岩，是古老大洋地壳俯冲的标志。

如“龙甲”一样的片岩不仅与我们的战士一起守卫着祖国的边疆，更是以其内部蕴藏的丰富矿产为我们的强国梦默默地做着奉献。

片岩是变质岩类，和片岩一起形成的矿产是变质矿产。变质矿床具有矿种多、分布广、储量大的特点，在国民经济中占有很重要的地位。如我国辽宁鞍山铁矿就属变质矿产，几条铁矿层处于片岩夹层中，单层厚度为 2 ~ 27 米。占我国铁矿总储量的 48%，占富铁矿储量的 27%。形成于我国内蒙古白云鄂博地区的稀土矿床，是目前世界上最大的稀土矿床，是变质作用形成的，赋矿的白云岩就夹在钾质板岩和黑云母片岩中间。

6-17

三星堆的古人金属加工水平有多高？ *

近年来，随着三星堆发掘工作的推进，一件件让人目瞪口呆的精美文物重见天日。其中最吸引眼球的莫过于戴金面具青铜人头像了。这件黄金面具的大小与出土的人头像面部比例基本吻合，宽约 23 厘米，高约 28 厘米，质量约为 280 克，经检测，这件金面具的含金量为 85%，含银量为 13% ~ 14%。面具工艺精美，颠覆了人们对夏商周时代的贵金属冶炼和制作技术的认知，令人叹为观止。

面对这些闪耀着 5000 多年历史光芒、至今仍未褪色的金器，人们不禁会产生许多疑问：在当时生产力水平较低、科学技术水平尚不发达的刀耕火种时代，这些纯度已相对较高的黄金是如何获得的？又是来自哪里？如果是从本地采矿，他们在原始状态下，是用什么技术鉴别矿物、开采冶炼矿石、制造金器的？如果是从异地运进，那么这条黄金通道到底如何千里迢迢进入古蜀国的？从金器的造型、装饰图案和使用情况来看，反映了古代巴蜀先民怎样的精神世界和审美价值？这些问题的答案，目前人们只能从历史资料中寻找到一些线索，也许从这些线索能管窥古蜀国的全貌。

---

* 选编自《地球》，2021 年，第 6 期，第 43–49 页，三星堆的金面具背后的隐秘帝国——中国的金矿床分布及冶炼技术，作者薛建玲等。

先说原料来源问题。很多专家认为，可能是产自当地，以四川、云南、贵州为代表的西南地区历来是我国黄金的重要产地。《山海经》有云：“今川蜀诸山，又东北一百四十里……其阳多黄金。”明代宋应星在《天工开物·五金》中也说：“金多出自西南，取者穴山至十余丈见伴金石，即可见金。”

《韩非子·内储说下》载：“荆南之地，丽水之中生金。人多窃采金。采金之禁，得而则辜磔于市，甚众。壅离其水也。而从窃金不止。”丽水在今川、滇金沙江流域，以云南楚雄、四川荥经和西昌为中心，是中国古代盛产黄金之地。而《水经注·若水》记载：“兰仓水，出金沙，越人收以为黄金。”可见，川西、云贵一带的金矿是四川盆地金器原料的主要来源之一。

《周礼·地官》中的“卝（音：矿）人掌金玉锡之地”是古代文献关于矿冶黄金的最早记载，说明当时已经特设专职官员掌管官营矿冶了。现代科研人员通过对矿石遗存进行分析发现，古人已掌握了利用矿物晶体形态、习性、颜色、光泽、硬度、条痕、相对密度等特性来鉴别矿物。通过化学成分分析得出，三星堆金器都是用自然砂金加工而成。据《宋史》记载，古人采用“古法炼金”技术冶炼岩金，经碎石、溜槽水冲等工艺制成的黄金纯度可达 80%。

司马迁在《史记·货殖列传》中记载了古蜀人在先秦时期，就已经和“滇”（云南地区）、“邛”（川西地区，今西昌、雅安地区）等地有经贸往来。

如果说由普通金矿石的开采、淘洗、提炼的全过程体现了古人的勤劳和智慧，那么从金矿石冶炼到制作金器，则更体现了古人精湛的技艺和高超的审美。

古代炼金主要需经过五道工序：第一道工序是磨矿；第二道工序是淘洗，留下含金银较多的粉末，行话叫精矿粉；第三道工序叫制团烧结，将含金银的粉末等混合在一起做成球团，与木炭分层垒成堆，烧结成松脆的矿团；第四道工序叫铅还原冶炼，将矿团与铅混合熔炼，形成含金银的铅块；第五道工序叫灰吹法，把含金银的铅块放在草木灰上熔炼，吹入氧气，去除铅块中的铅。吹去草灰，便可收获高纯度的金银了。

从目前金沙和三星堆出土的金器来看，当时古蜀国先民制作金器的工艺已经相当成熟。据有关学者研究，三星堆和金沙的金器制作采用了捶制、剪切、包卷、粘贴、模压、雕刻、镂空和表面研光等深加工工艺和技术。从这些工艺来看，在三星堆和金沙时期，有专门的一批手工艺人作为金匠，加工制作金器。

从制作情况来看，蜀人已熟练掌握了黄金淘取，极好地利用了黄金的特性（即延展性、抗腐蚀性和抗变色能力）。三星堆金杖就是用金条捶打成宽约 7.2 厘米的金皮，两侧薄，中间略厚，再包卷而成的。金皮上的图案长 46 厘米，用双钩手法雕成。金面具也是用捶打工艺成型，再用镂空手法做成。金虎形箔饰用金箔捶打成型，然后用模具在其上压印“目”字形虎斑纹。

三星堆众多金器的出土，恰好说明了巴蜀古人已经具有贵金属的开采、使用和制作技术，也从更深层次上证明了蜀地文化与中原（青铜）、良渚（玉器）、荆楚（金银）文化甚至域外文明有着一定程度的互动交流，古蜀人广泛吸收来自不同地域的文化元素，将其融合、改造和创新，从而创造出具有巴蜀地域特色的神秘、灿烂的文化。

6–18

你为什么那么“锰”？ *

有一种元素，身影无处不在：从新能源电动车的电池到高铁的铁轨，从不锈钢保温水杯到计算机磁盘，从农业所需的肥料到医药常用的消毒剂……就剂量而言，它很不起眼，像一位无足轻重的配角，事实上，这位配角却十分重要，它就是“锰”。

人类对锰的利用有着悠久的历史。古人很早就发现了一种神奇的着色颜料——软锰矿，这种矿石多呈黑色且极易染手。在我国黄河中游的仰韶遗址，出土了大量特征鲜明的彩陶。经现代科技手段分析，彩陶上精美的花纹是用含软锰矿物的颜料绘制的。由此证明了 7000 年前的先民们已经开始使用软锰矿。

科研人员在战国时期出土的铁箭、古希腊斯巴达人使用的武器中都发现了锰的身影。中世纪的玻璃匠们还将软锰矿当作“玻璃肥皂”，去除天然玻璃中的颜色。可见人类对锰的利用有着悠久的历史。

但直到 18 世纪，锰才作为一种新的元素被关注，进而揭开它的神秘面纱。瑞典科学家甘恩从他的朋友舍勒提纯过的软锰矿粉中，提纯出一种未曾见过的金属块，后来被命名为 manganese，也就是“锰”。

---

* 选编自《地球》，2021 年，第 6 期，第 50–55 页，神奇的锰，作者胡雅菲等。

锰的化合价有 +2、+3、+4、+5、+6 和 +7——性质非常活泼。不同价态的锰化合物会呈现出不同的颜色。正因如此，自然界中的含锰矿物也就因锰价态的多变而多姿多彩，比如含二价锰的菱锰矿呈粉红、深红色；蔷薇辉石呈浅粉、红色；含四价锰的软锰矿呈黑色。紫水晶就是因为含有铁锰而呈紫色，还有锰橄榄石、锰石榴石都是因为锰的加入，颜色更加丰富。

菱锰矿饰品

锰经常与它的“铁”哥们一起，以锰铁合金的形式出现，在冶金行业，素有“无锰不成钢”之说。它们的合作十分有趣：锰含量较低时（2.5% ~ 3.5%)，合金如玻璃一样易碎；当锰含量达 13% 以上时，合金则兼具硬度与韧性。高锰钢广泛用于军事工业，常被用来做坦克的履带、防弹钢板等。

锰也是个非常具有“亲和力”的小可爱，它与氧、硫的亲和力都比较大，所以锰是钢液的脱氧剂和脱硫剂。锰作为脱氧剂，易于生产，价格又低，深受钢铁企业的欢迎。锰作为脱硫剂，能将钢水中的硫化亚铁转化成硫化锰而转入炉渣中，从而降低钢中的硫含量。它还能减轻氧和硫对钢的危害，从而提高钢的可锻性和可轧性。

此外，锰还与铜、铝、镁等金属合作，真心实意地帮助“小伙伴”们改掉缺点，生成许多有工业价值的合金，如把锰加到铜中制成的锰黄铜，其机械强度、加工工艺性能和耐腐蚀性均大大超过纯钢；将锰加到铝中得到的防锈铝，有很高的耐腐蚀性，强度也大大高于纯铝；在镁中加入锰形成的合金具有更好的耐腐蚀和耐温性能……

全球陆地锰矿资源丰富，据不完全统计，锰矿石的储量近 410 亿吨，遍布全球，但分布较为集中，主要集中在南非、乌克兰、巴西、澳大利亚、中国、印度和加蓬。这 7 个国家的锰矿储量占全球锰矿总储量的 95.9% 以上。全球超大型锰矿床（田）20 处，累计探获资源量约占全球锰矿 50%。开采的锰矿石以氧化锰矿石为主，品位一般在 40% 左右，其中澳大利亚、加蓬和南非锰矿品位较高，巴西、加纳、哈萨克斯坦、印度和马来西亚锰矿品位中等，乌克兰、墨西哥锰矿品位较低。

我国锰矿在全国 24 个省（区）有分布，但主要分布在南方，其中广西、贵州、湖南三省（区）的资源储量占全国比例为 76% 以上。我国的锰矿主要以碳酸锰矿石为主，平均品位在 18%，远低于其他锰矿资源大国，低品位原矿需经选矿富集后才能使用。

6-19

万“钴”不枯——钴及其化合物有哪些用途？*

在很长一段时间里，钴都是一种被冤枉的金属，为什么这么说呢？这就要提到钴的英文名称 cobalt，这个词来源于德文，是妖魔的意思。钴能有这样一个名字，也是有缘故的：矿工在采集以及提炼钴矿石的过程中，常常因为吸入一些废气，导致生病甚至中毒。后来人们才发现，其实这种气体主要为含砷化合物。受当时技术所限，这个黑锅钴一直背了几百年。

钴在元素周期表中排在第 27 号，是一种金属元素，质地硬而脆。其熔点达 1500 摄氏度，沸点约 3100 摄氏度，相对密度 8.9，摩氏硬度为 5 ~ 5.5。钴在高温下仍能保持较高的强度，并且具有较低的导热性和导电性以及较强的铁磁性。

自然界含钴的矿物大约有 100 多种，重要矿物有硫钴矿、辉砷钴矿、砷钴矿、钴华等。

钴作为一种杂质元素混入矿物时，可以使矿物呈现一些特殊的色彩。巴西出产的海蓝宝石因含钴而呈现天然的钴蓝色；斯里兰卡出产的钴尖晶石，因为浓郁而明亮的蓝色而更显珍贵。而对于方解石或者白云石来说，含有一定量的钴则会呈现美丽的粉红色或玫瑰红色。

---

* 选编自《地球》，2021 年，第 6 期，第 75–79 页，万“钴”不枯——钴及其化合物的用途，作者张超。

古代的人们早已发现钴与蓝色的秘密，钴被用作颜料的历史在西方可以追溯到古埃及时期。在埃及法老图坦卡蒙的墓穴中有一件玻璃器物，后来检测其深蓝色是因为存在钴的缘故。古希腊人和古罗马人曾利用钴化合物制造有色玻璃，这种玻璃会表现出美丽的深蓝色。而在中国，钴及其化合物也有悠久的颜料使用史。唐朝著名的唐三彩、元代的青花瓷、明代的景泰蓝无不与含钴的釉料有关。

除了做颜料外，钴在制作电池材料、超级合金、硬质合金、磁性材料中也有广泛应用。钴 -60 作为一种广为使用的放射性材料可用于医学放射检查与治疗。现在，钴及其合金在机械、化工、航空航天等行业也都得到了广泛的应用。

制造电池材料是目前钴最重要的用途，占钴使用总量的 40%。钴主要用来制造各种高性能电池。含钴材料是目前性能最佳也是最为稳定的锂电池正极材料，具有能量密度高和环保安全性高的特点。

三元锂电池是指使用镍钴锰或者镍钴铝酸盐等三元材料为电池正极的锂电池。相对于传统锂电池，三元锂电池具有出色的综合性能和低成本的双重优势，近年来得到较大发展。

钴常被添加到钢或者其他合金当中，使合金在硬度、抗冲击性大幅提高的同时，耐磨性和韧性也得到极大改善。这种合金常常被熔焊到其他材料的表面，能够明显延长零件的使用寿命。大约有 20% 的钴被用来制造这种超级合金。这种含钴合金常被用来制造喷气式飞机涡轮发动机的风扇扇叶，火箭和燃气机轮等设备的耐热部件等。生活中的含钴钢刀具耐磨性和切割性能也更加突出。

钴经磁化后，可长期保持磁性。钴的这种优越磁性，使其大量应用于制造高性能磁性材料。这种用途的钴使用量占到总使用量的 5% 左右。高钴含量的磁性钢比一般磁性钢的磁力密度更高，而且在高温条件下这种磁性也不会轻易丧失。大型的永久磁体大多为含钴合金，其中常用的是一种叫作阿尔尼克的合金材料，它是由钴、镍、铝制造的坚硬合金。

钴在医疗领域也有多方面的应用，放射性同位素钴 -60 被用来治疗人体的皮肤病和恶性肿瘤；维生素 B12（钴胺素）中钴的含量更是高达 4.5%；钴被用于制造人工髋关节和膝关节以及牙科填充剂。具有放射性的钴同位素还因可以有效杀灭细菌而广泛应用于辐照食品加工行业。

钴矿在全球有着重要地位，但是陆地上的钴资源分布非常不均衡，陆地钴矿探明总储量的 80% 以上都分布在刚果（金）、澳大利亚、古巴、赞比亚、菲律宾等少数几个国家。其中刚果（金）是全球钴矿资源储量最丰富的国家，它的钴矿资源储量大约占到全世界总储量一半，澳大利亚和古巴则分列二三位。

中国钴矿资源缺乏，少有独立成矿，多与铁、镍、铜等矿床伴生，且品位较低。我国伴生钴的回收效率低，工艺手段较落后，长期依赖进口。要解决这一依赖性较强的资源劣势，一方面是要加强对海洋中钴矿资源的勘探、开采与提炼，另一方面是提高钴矿的利用率和钴材料回收的技术手段。

6–20

“龙珠”是什么？ *

喀喇昆仑山上戍边战士们在喀喇昆仑山谷底发现一种大小 5 ~ 20 厘米不等，近球形的岩石，这种特殊的褐色石头成为战士们的寄托，被称作“昆仑龙珠”，或者更通俗地称之为“昆仑石蛋”。那么这些“龙珠”究竟是什么呢？

从地质学上来讲，这是一种结核石。结核是指其成分、颜色和结构构造等与其所在的周围岩石有着显著区别的非层状自生矿物集合体，是沉积岩的一种层内构造。它是地壳沉积物在沉积或堆积之后的漫长成岩过程中，在“物以类聚”的化学作用下，由某种或几种矿物质聚集而生长成的似球状或不规则状矿物团块。常见于砂岩、石灰岩或黄土地层内部或层间界面上，顺层面或切穿层面产出。结核形态常呈不规则的球状、瘤状、透镜状、饼状等。它与围岩的界线可以清晰，也可模糊，大小不等。按照其组成的矿物成分，可分为钙质、硅质、铁质、锰质和磷质结核。结核内部矿物可以均一，也可以呈放射状、同心状等，某些钙质、硅质结核内部还有生物遗体或遗迹，如贝壳化石。通常来讲，钙质结核主要产在砂岩和泥岩中，硅质结核主要产于石灰岩中，其他成分的结核则可产在各种沉积地层中。

---

* 选编自《地球》，2021 年，第 2 期，第 52–57 页，新疆喀喇昆仑“龙珠”和“龙甲”的形成奥秘，作者任广利等。

据地质学家分析，在喀喇昆仑地区存在结核石的地层主要有二套：第一套地层为志留系温泉沟群（地层名称）；第二套地层为中二叠世加温达坂群（地层名称）。中国地质调查局西安地质调查中心长期在该区从事地质调查研究的相关专家推断，喀喇昆仑山上这种“昆仑龙珠”应属于加温达坂群的地层，在这个岩层可以发现贝壳类化石。

研究“龙珠”有什么意义呢？首先，结核可以作为对比标志，用于划分对比地层；其次，结核是成岩作用的自然产物，可用以判断地球化学环境；第三，结核本身是矿石矿物聚集的基本形态，可以作为直接找矿的标志，如锰结核等。

6-21

为什么地面会出现沉降?

近些年来，由于地陷造成的事故频频见诸新闻媒体。地陷，在专业术语中称为地面沉降，通常是指大面积地面下沉现象。

从成因类型上来看，地面沉降可分为构造沉降、抽水沉降和采空沉降三种。构造沉降是由于地壳运动引起的地面下沉现象。抽水沉降是由于过量抽取地下水（或油、气）引起水位（或油、气压）下降，在地质结构不稳定的地区因土层压密固结造成的。采空沉降是指因进行城市地下空间建设，大面积挖空引起的地面碟状洼地现象。

城市地面沉降带来的危害十分严重，当前引起城市局部地面沉降的主要原因，与大量开采地下水密切相关。当地下水被抽走后，沙土层就会在重力作用下压实、下沉，使一个区域的地面缓慢沉降。如停止抽水一段时间后，地面沉降就会逐渐停止；如将水再回灌到该区，则能阻止地面继续沉降，并有可能使地面恢复到原来的状态。总的来说，因抽取地下水造成的地面沉降是渐进式的，比较缓慢，一般人在短期内不易觉察，只有专业人员借助高精度地面标高测量才能发现。至于近年来国内外许多地方突然发生的小面积地面塌陷，则多与地下工程、采矿活动等有关。要避免发生这类局部地面塌陷，就必须在地下工程施工时，遵守有关施工标准和规范，及时在地下坑道中支撑、加固。

第7章

地球新能源探索

7-1

什么是碳汇？什么是碳源？

碳汇一般是指从空气中清除 CO_2 的过程、活动和机制，是全球碳循环中的重要一环。它主要指载体（森林、土壤、岩石、湿地、海洋等）吸收并储存 CO_2 的量，或者说是载体吸收、储存 CO_2 的能力。当生态系统固定的碳量大于排放的碳量时，该系统可被称为大气中 CO_2 的汇。与碳汇相对应的概念是碳源，它是指自然界中向大气释放碳的母体，即产生 CO_2 之源。自然界中碳源主要是海洋、土壤、岩石与生物体，另外工业生产、生活等都会产生 CO_2 等温室气体，也是主要的碳排放源。

在陆地生态系统中，森林碳汇是研究最早与实践最成熟的碳汇之一，森林植物吸收大气中的 CO_2 并将其固定在植被或土壤中，从而减少 CO_2 在大气中的浓度。CO_2 是林木生长的重要营养物质，植被将吸收的 CO_2 在光能作用下转变为糖、氧气和有机物，为生物界提供枝叶、茎根、果实、种子，提供最基本的物质和能量来源。这一转化过程，就形成了森林的固碳效果。森林是 CO_2 的吸收器、储存库和缓冲器。森林一旦遭到破坏，就变成 CO_2 的排放源。

在海洋生态系统中，人类活动每年向大气排放的 CO_2 总量达 5.5×10^9 吨，其中约 2.0×10^9 吨被海洋所吸收，因此，海洋在调解全球气候变化，特别是吸收 CO_2 等温室气体效应方面作用巨大。

7-2

什么是碳循环？

人类生活在同一个地球、同一个天空下，但呼吸着不同 CO_2 含量的“空气”。碳循环是指碳元素在地球上的生物圈、岩石圈、水圈及大气圈中交换，并随地球的运动循环不止的现象。碳循环可分为无机碳循环、短期有机碳循环、长期有机碳循环三种形式，记录了地球演变、能源演化、人类演进的协同发展过程。

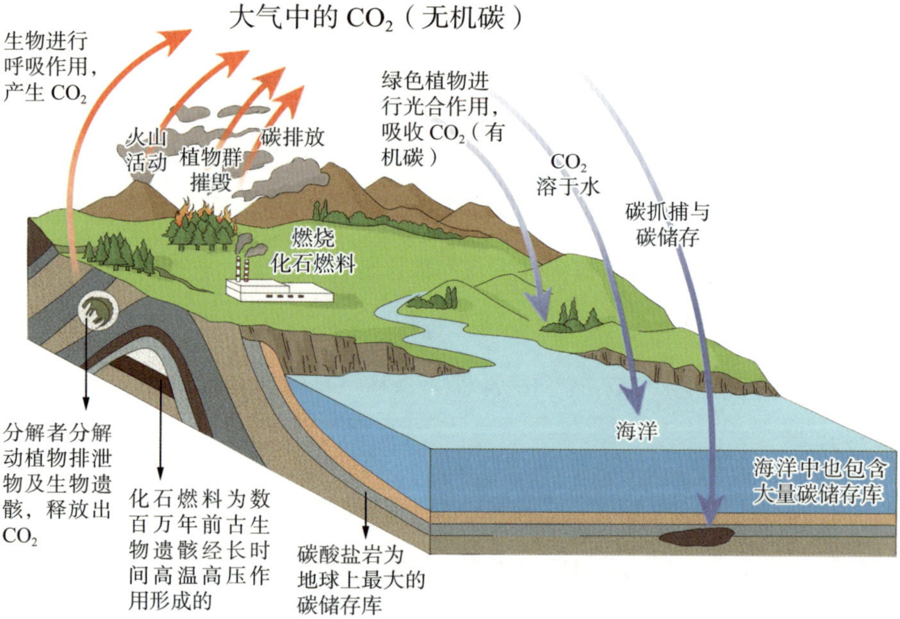

碳循环示意图

地球中的碳元素，绝大多数以碳酸盐矿物或有机质形式赋存在岩石圈或生物圈中，形成地球的无机碳库和有机碳库。大气中的 CO_2，溶于雨水形成弱酸侵蚀地表岩石，将溶出的矿物质带入原始海洋，形成碳酸盐岩；火山喷发使碳酸盐岩中的碳元素以 CO_2 形式重新释放到大气中；重返大气中的 CO_2 溶于雨水形成弱酸，侵蚀裸露地表的新鲜岩石，再次汇入海洋形成碳酸盐岩沉积。这一完整的过程构成无机碳循环，维系大气、海洋和岩石圈中的碳平衡。

自养生物通过光合作用固定大气中的 CO_2，异养生物通过摄取自养生物或捕食其他生物，形成碳元素在生物圈内的流动；生物死亡后经微生物分解形成 CO_2，动植物通过呼吸作用直接排放的 CO_2 进入大气，完成碳元素从生物圈向大气的流通，形成短期有机碳循环。

一部分生命体死亡后经历沉积、埋藏过程，转变为煤炭、石油、含天然气岩层等富有机质层系，完成大气中的 CO_2 经生命体向岩石圈的流动；沉积有机质经隆升风化、自燃、俯冲至软流圈随岩浆喷出等自然过程，或经人类开采燃烧的人为过程，以 CO_2 形式释放到大气中，完成从岩石圈向大气的流动；这两个过程通常以数百万年计，形成长期有机碳循环。

7-3

什么是碳中和?

在地球演化进程中，全球性气候变化已经造成五次全球性生物大灭绝事件。人类进入工业时代后，全球大气中 CO_2 平均浓度达到了近百万年以来的最高水平，气候变化不断为人类社会敲响警钟，减少 CO_2 等温室气体排放、遏制全球气温上升，已经成为全人类的共同目标。2018 年 10 月，联合国政府间气候变化专门委员会提出了“碳中和”的目标：到 21 世纪末，将全球气温升高幅度控制在 2 摄氏度以内，并努力控制在 1.5 摄氏度以内。这一目标的实现需要碳中和相关理论的指导。那什么是碳中和呢?

碳中和是指一个组织、团体或个人，在一段时期内 CO_2 的排放量，通过森林碳汇、人工转化、地质封存等技术，实现 CO_2 “净零排放”。要实现这一目标，全球温室气体排放需要在 2030 年之前减少一半，在 2050 年左右达到净零排放，即“碳中和”。

碳中和示意图

实现碳中和目标的首要工程是节能提效，通过意识节能、结构节能、技术节能、管理节能等举措，推动能源消费的刚性或强制性节约与高效。此外，“净零排放”不是完全无排放或零排放，而是通过技术手段，实现碳排放量与碳吸收量（或消除量）的平衡，达到“净零排放”。除了以上两方面举措，在碳中和过程中还应大力发挥科技创新的作用，构建安全可靠的“能源储备系统”，构建科学、合理的政策支持体系。

以上举措的实施需要有坚实的理论基础和科学的指导方法，才能保障碳中和目标的实现。从全人类可持续发展角度看，碳中和将大幅提升人类幸福感，是构建人类命运共同体的里程碑，为建设人类生态文明与宜居地球作出重要贡献。人类要一起实现碳中和，追求绿色创新，奉献绿色能源，建设绿色家园，才能共享绿色、幸福生活。碳中和，是人类应对当前气候、疫病等一系列事件的重大举措，是全球重构绿色经济、建设绿色地球的重大战略。

7-4

非常规石油资源是什么？

近些年来，伴随着常规石油、天然气资源的消耗、油气勘探理论的不断进步，石油、天然气资源的类型和勘探开发的方式也发生了变化。在这样的大背景下，世界各国纷纷走上非常规油气的开发之路。

非常规油气资源一般指在油气成因、成藏机理、赋存状态、分布规律或勘探开发技术等方面，有别于常规石油资源的烃类资源。可分为非常规石油资源和非常规天然气资源。非常规石油资源主要包括重质油、油砂油、页岩油等。

重质油又称“稠油”，其特点是分子量大、黏度高、成分复杂。一般的重质油常温下感觉像麦芽糖、糖稀或糖浆。重质油按照成因可以分为原生重质油和次生重质油，原生重质油即一开始形成的原油就是重质油，一般是未熟－低熟油；次生重质油是指常规原油遭受各种稠化作用后形成的高密度、高黏度的石油。重质油的主要用途是冶金与用作燃料。目前，重质油的开发日趋成熟，如今在建材和轻工业行业利用最多。

油砂油又叫油砂沥青或沥青砂，是指从油砂矿中开采出的或直接从油砂中初次提炼出的未经加工的石油，外观似黑色蜜糖，通常为松散结构，一般易碎成为松散的碎屑状。与常规原油相比，油砂油的黏度、密度要高的多。其为构造活动或其他条件导致已成藏的油气发生运移，并进入砂岩中形成油砂。

页岩油是指保存于泥页岩中的原油。页岩油赋存于层间微小孔裂隙之中，因此称页岩油为“夹缝”中的石油。油页岩油就是从油页岩中提取出来的油，油页岩又称油母页岩，是一种固体可燃有机质沉积岩。油页岩油成分与石油相似，经炼制可获得汽油、煤油、柴油、润滑油及石蜡等。油页岩也可以作为燃料用来发电、取暖和运输，炼化发电后剩下的废渣可生产建筑材料、水泥及化肥，或进行化工产品的提炼以及金属的提取等。

随着社会经济发展，常规石油资源储量会不断减少，并且开采难度会不断增大，非常规石油资源的勘探与开发将会不断推进。

7–5

什么是海洋能？ *

海洋能通常是蕴藏在海洋中的可再生能源的统称，包括潮汐能、波浪能、潮流能（海流能）、温差能和盐差能等，广义的海洋能还包括海上风能和太阳能。究其成因，潮汐能和潮流能来源于月球和太阳对地球的万有引力变化，其他各种能量都是太阳辐射产生的。在太阳系存在的年代中，是可再生的，取之不尽，用之不竭。海洋能按能量形式又可分为机械能、热能和化学能。其中，潮汐能、潮流能（包括海流能）、波浪能为机械能（势能和动能），海水温差能为热能，海水盐差能为化学能。

机械能　主要形式有潮汐能、潮流能、海流能、波浪能等。潮汐的能量与潮差大小和潮量成正比。波浪的能量与波高和波动水域面积成正比。

热能　海水温差能是一种热能。低纬度的海面水温较高，与深层水形成温度差，可产生热交换。其能量与温差的大小和热交换水量成正比。

化学能　如在河口水域存在海水盐差能，入海径流的淡水与海洋盐水间有盐度差，如果使用半透膜，使淡水向海水一侧渗透，可产生渗透压力，其能量与压力差和渗透能量成正比。

---

* 选编自《地球》，2020 年，第 2 期，第 6–11 页，“蓝”能可贵的海洋能，作者王冀。

海洋是经济社会发展的重要依托和载体，海洋经济已成为拉动国民经济发展的有力引擎。海洋能是自然资源重要组成部分，具有开发潜力大、可持续利用、绿色清洁等优势。开发海洋能已成为国际竞争的战略需要和抢占国际战略制高点的战场。

我国海洋能资源丰富，海域广、岸线长、岛屿众多，具备规模化开发利用海洋能资源的有利条件。海洋能产业作为新兴海洋产业，具有产业链条长、带动性强等特点，大力开发利用海洋能资源不仅符合“创新、协调、绿色、开放、共享”的发展理念，适应国家优化能源结构、拓展蓝色经济空间的战略方向，也是开发海洋和海岛资源、维护我国海洋权益的重要保障。随着我国海洋能技术的逐渐成熟与商业化，海洋能产业及其对相关产业的带动必将成为我国海洋经济新的增长点，为海洋强国建设提供有效的“蓝色能源”支撑和保障。

7–6

海洋能的特点是什么？ *

海洋能的特点是可以再生。星球的万有引力和太阳辐射是无穷无尽的，不受人类活动的影响。海洋能非常丰富，普遍存在于浩瀚的海洋水体中。海洋能存在于海岸线附近，正是人口密集、产业发达、耗能多、远离传统能源的地区。尤其是孤悬海外的岛屿更是只有海洋能这一种能源资源。海洋能可以看作是自然界多种能源的富集，如波浪能富集了海面上的风能，潮汐能、潮流能集中了引力能，温差能富集了太阳辐射能。这样一来，开发海洋能就比开发那些能源密度更低的能源更有效率。

沿岸海域的海洋能尚有潜在开发价值，而大洋的海洋能远离用户、环境恶劣，很难开发利用。各种海洋能的能量又是随海域、时间变化的。这给海洋能的开发利用带来困难。开发海洋能的设备必须建在海洋中，面临深海的高压，汹涌的波浪、湍急的海流的冲击，海水的强腐蚀力和海洋生物对结构的污损。这就不可避免地提高了海洋能开发的成本。

总体来说，海洋能是可再生、清洁能源，用其发电不必消耗燃料，也不产生废物、废液、废气，无须运输。开发海洋能对环境的影响小于传统的能源开发产业，而且利大于弊。有人把海洋能誉为“蓝色能源”。

---

* 选编自《地球》，2020 年，第 2 期，第 6–11 页，“蓝”能可贵的海洋能，作者王冀。

7-7

什么是浅层地温能？ *

浅层地温能也称浅层地热能，是地表以下 200 米深度范围内、温度低于 25 摄氏度、在当前技术经济条件下，具备开发利用价值的地球内部的热能资源。浅层地温能是地热资源的一部分，其主要特点是清洁环保，是典型的“气候友好技术”和“绿色经济”。

浅层地温能的能量，主要来源于太阳辐射与地球固有的地热增温效应：一方面吸收来自太阳的热辐射，另一方面蓄积来自地球内部的热逸散，因而是一种近乎可无限开发利用的可再生清洁能源。据计算，浅层地温能的能量，相当于全世界能源消耗量的 2000 倍以上。

浅层地温能资源的开发利用只通过消耗少量的电能，就能够从浅层岩土体、地下水中提取大量的热量或冷量，每消耗 1 千瓦的电能，可得到 4 千瓦以上的热量和 6 千瓦以上的冷量。利用过程无燃烧，不消耗化石能源，不向外界排放 CO_2、二氧化硫（SO_2）、氮氧化物和粉尘，不会造成环境污染，环境效益非常显著。

地源热泵技术工作原理是将浅层地温能空调系统的冷热交换器埋于地下，通过水在由高强度塑料管组成的封闭环路中的循环流动，将地球表面岩

* 选编自《地球》，2020 年，第 2 期，第 12-17 页，新型绿色清洁能源浅层地温能，作者陈跃康。

土体和水体吸收的太阳能和地热能，转化为既可供热又可制冷的一种高效节能空调系统，从而实现与大地土壤进行冷热交换的目的。

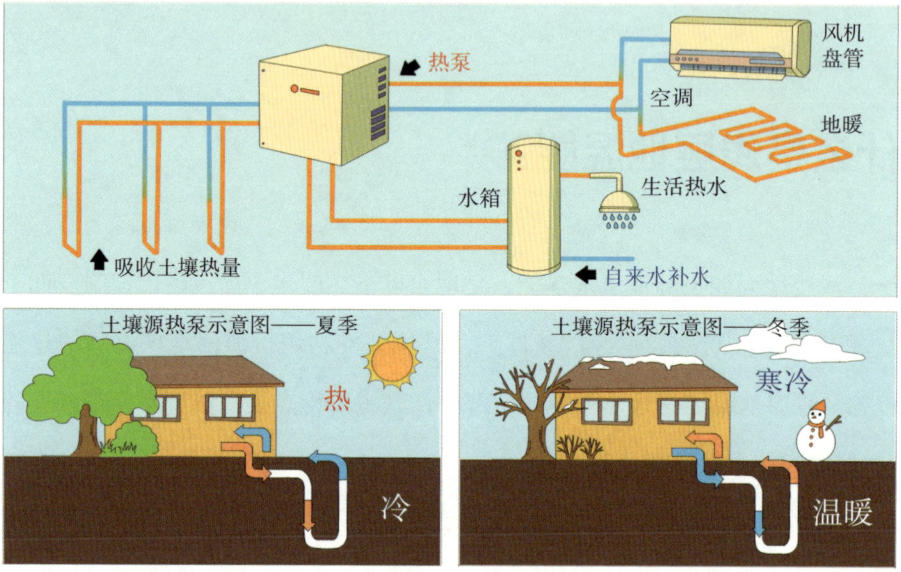

地源热泵工作原理示意图

夏季制冷时，通过热泵机组吸取用户室内的热量向地下排放，消耗少量电能对房间进行降温，同时储存热量，以备冬用。冬季供暖时，通过热泵机组吸取地热向用户排放，消耗少量电能对房间进行供暖，同时储存冷量，以备夏用。大地土壤提供了一个很好的免费能量存贮源泉，这样就实现了能量的季节转换。

随着经济的发展，我国传统能源资源日益紧缺。急需开发新型清洁能源替代传统能源资源。浅层地温能资源储量巨大，分布广泛，可循环利用，且具有开采成本低、技术成熟，不受地理环境影响，节能环保等明显优势，因而受到国家高度重视和消费市场的热切期待。

7-8

什么是可燃冰？ *

可燃冰，即天然气水合物，因其外观像冰雪或固体酒精，点火即可燃烧而得名。其学名为天然气水合物，是由天然气和水在高压低温的条件下形成的类冰状结晶物质，主要成分是甲烷，其中高压和低温两项条件缺一不可，因此可燃冰只能在深海底和冻土区才能保持稳定。

在海洋中，可燃冰主要储存在水深超过 300 米以下的海底及之下 1000 米分布范围内，分布面积达 4000 万平方千米，约占海洋总面积的 10%。这种类冰状结晶物质，在海洋资源开发中受到越来越广泛的重视。在神狐海域，我国科学家在世界上率先采用降压法开采，改变海底可燃冰的成藏环境后，将固态可燃冰在海底分解为天然气，通过采集管道收集至海面。

可燃冰具有体积占比小，能量密度高，使用方便，燃烧值高的特点；另外，它清洁无污染，经过燃烧后，仅会生成少量的二氧化碳和水。

目前，天然气水合物已成为我国第 173 个矿种，作为一种低碳清洁能源和未来煤、石油等化石燃料的理想替代能源，其开发利用有利于改变我国的能源消费结构。据预测，全球可燃冰资源量超过 2100 万亿立方，这相当于全球已发现的煤、石油、天然气等化石能源的两倍以上。目前，我国已在南海圈定出 11 个天然气水合物资源远景区，预测远景资源量达 700 亿

---

* 选编自《地球》，2020 年，第 2 期，第 22-25 页，炙热的冰块 可燃冰，作者唐驰。

吨至 800 亿吨油当量，还圈定出两个超千亿方的天然气水合物矿藏。

虽然可燃冰发展前景广阔，但对它的开发利用也面临重重难题，是涉及多学科的复杂系统工程，因此，可燃冰从采出到提取，再送到百姓们的灶台，这中间还有非常繁杂的技术攻关过程。当然，虽然现在暂时没有成熟有效的开发技术，但科学家们在技术上攻坚克难，钻研深究，不断努力。我们期待这种清洁能源在不久的将来可以服务于千家万户。

大西洋边缘海底的天然气水合物

7–9

什么是煤层气？ *

煤层气俗称“瓦斯”，是一种无色、无味的气体，主要成分是烷烃（甲烷占绝大多数）。在堆积成煤初期，古代植物纤维素和有机质经过厌氧菌的作用发生分解，在高温、高压环境下，经物理、化学变化而生成。

煤层气储存于煤层中，主要吸附在煤基质颗粒表面，部分游离于煤体孔隙中。当其达到一定浓度时，能使人因缺氧而窒息，在一定条件下能发生燃烧或爆炸，直接威胁矿工的生命安全。长期以来，煤层气是煤矿重特大事故的主要灾害源，会造成瓦斯爆炸事故、煤与瓦斯突出事故等。由于我国国有煤矿的46%为高瓦斯煤层与瓦斯突出矿井，瓦斯事故在煤矿重特大事故中占比极高。瓦斯事故发生时，会诱发冒顶、火灾或透水等次生事故，低浓度煤层气煤矿仅抽放排空还会造成大气环境的严重污染。

事物都有两面性，作为与煤伴生的独立矿种，煤层气属非常规天然气。据统计，我国煤层气地质资源量位居世界第三，仅次于俄罗斯、美国，占世界煤层气总量的12%，我国42个主要含煤盆地埋深1500米、2000米、3000米以浅的煤层气地质资源量分别为10.87万亿立方米、36.81万亿立方米、55.2万亿立方米。其中，内蒙古、新疆、山西、贵州和云南三省两区因得天

---

* 选编自《地球》，2020年，第2期，第18–21页，变害为利 煤矿“瓦斯”的科学开发与利用，作者张立宽。

独厚的地质资源条件，是我国最具有规模化开采煤层气、发展煤层气产业的地区。

当前，煤层气清洁高效利用的形式比较多，常见的有瓦斯发电、工业用气、集中供热、机械动力、汽车动力、家庭炊事等。简而言之，凡是用天然气的地方，都可以用煤层气作为部分替代。煤层气热值与天然气相当，可以与天然气混输混用，而且燃烧后几乎不产生废气，是很好的化工原料、发电和居民生活燃料。在优质高效洁净能源需求日益增长的今天，国家及有关省区已出台多项政策来积极扶持、推动发展煤层气产业，特别是在煤炭主产区，推动实现煤层气与煤炭资源的共采。

第8章

地球上的生命

8-1

地球上原始生命是怎么诞生的?

截止目前，地球是人类发现的唯一有生命的星球。

地球上最早的生命迹象出现在大约38亿年前，科学家在格陵兰岛南部的沉积岩中发现了光合作用的产物，而光合作用是生命产生的必要条件。人类直接发现的生命出现在35亿年前澳大利亚地盾的沉积岩中，在这一层沉积岩中，科学家发现了蓝藻。

关于地球上生命的诞生有多种假说，但占据主流的为化学起源假说和海底热液环境生命起源假说。

化学起源假说认为地球上的生命是在地球温度逐渐下降以后，在极其漫长的时间内，由非生命物质经过极其复杂的化学过程，一步一步地演变而成的。1953年，科学家米勒在芝加哥大学的实验室里设计了一个装置，把玻璃管、烧瓶等连接形成一个封闭的回路，将模拟原始大气成分的水、甲烷、氨气、氢气与一氧化碳注入这个密封无菌的装置里。装置中的一个烧瓶装着半满的液态水模拟原始海洋，而另一个含有原始大气成分的则装有一对电极闪电，模拟原始大气的情况。首先将液态水加热促使其蒸发，进而产生水蒸气；而另一烧瓶的电极通电后会产生火花，以模拟闪电。水蒸气经过电极之后，又再度凝结并重回原先装水的烧瓶中。经过多次的循环试验，终于有了重大发现，在模拟原始海水中发现了氨基酸。氨基酸可转化为蛋白质，而蛋白质是生命的物质基础，由此说明了生命是可以通过化学反应从无机到有机演化

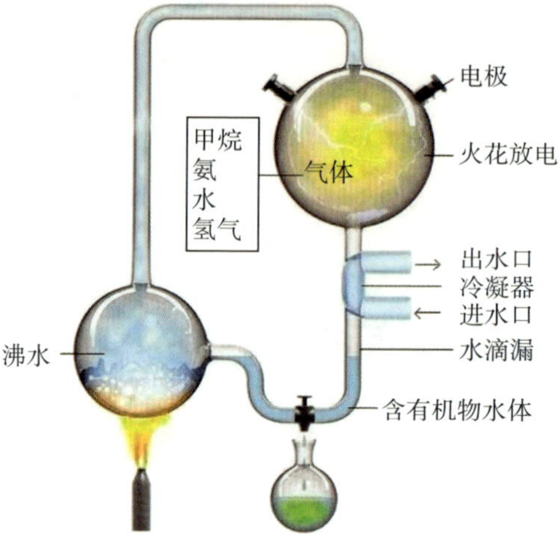

米勒实验装置示意图

而来的。

海底热液环境生命起源说（黑烟囱生命起源说）认为生命是在热液口的黑烟囱壁里产生的，先是发生“Fe—S”之间的化学变化，后来才有生命的产生。1967 年，美国学者布莱克在黄石公园的热泉中发现了大量嗜热生物，如蓝藻、光合细菌、硫细菌，特别是古细菌，这一发现打破了“生物不能在 60 摄氏度以上的环境里存活”的认识；1977 年，美国“阿尔文”号深潜器在太平洋底观察到黑烟囱存在着大量的嗜热微生物，周围的海水温度高达 200 ~ 300 摄氏度，压力为（200 ~ 300）$\times 10^5$ 帕，这些微生物属于非常古老的类型。在澳大利亚，距今约 35 亿年前的火山沉积物里，发现了大量保存完好的丝状体，这说明在 35 亿年前，生命在热泉的附近就已经存在了。

不管是化学起源假说，还是海底热液环境生命起源假说，现在都没有被完全证实，地球生命起源仍是一个谜，解答这个谜还有很长的路需要走。

8–2

什么导致了二叠纪末期的生物大灭绝事件?

自生命自诞生以来，地球上发生了 5 次生物大灭绝事件。发生在距今大约 2.5 亿年前的二叠纪末期生物大灭绝事件是最为严重的一次，导致了大约 96% 的海洋物种灭绝。同时，在陆地上，大型木本植物消失；许多陆地脊椎动物大量灭亡，大型食肉性动物也遭受了重创，但是也有一些生物幸免于难或者影响较小。那么这次大灭绝事件的原因到底是什么呢?

由于此次大灭绝事件持续时间很久，意义非凡，影响了整个生物圈，划出了两个时代之间的界限。地质学家由此区分出两个大的火山爆发阶段，时间将近，但是区别也很明显。第一个阶段是大约 2.6 亿年前的峨眉山火山爆发。第二阶段是大约 2.52 亿年前的西伯利亚区内的火山爆发。这次大灭绝事件似乎与这两次火山活动关系密切，这两次火山活动都持续了大约 100 万年。强烈的火山爆发伴随着大量的岩浆涌出，岩浆淹没附近的生灵，难以计数的火山灰被喷射到大气层中，火山灰遮天蔽日，阻碍光合作用，导致气候变化。同时，超大陆的形成导致浅海和滨海地区面积缩小，大陆板块汇聚引起的气候变化和火山活动也对生物造成了影响。

虽然生物大灭绝事件给生态系统带来了毁灭性的打击，但总有一些类群幸免于难，还有一些类群从此诞生或开始繁盛。

8-3

人类是什么时候开始出现的？

人是由什么动物进化而来的呢？关于这个问题过去存在许多说法，直到达尔文（Charles Darwin）提出生物进化论。这位科学巨匠首次提出人类是由已经灭绝的古猿进化而来。那么古猿是如何进化成人的呢？

进化论的奠基人达尔文

随着科学的发展，科学家给出了一个答案：大约在4800万年前，古猿中的一支开始向不同方向演化。一般认为，古猿经历了“南方古猿”“能人”“直立人”“智人”几个阶段演化最终演化成了现代人类。

大约420万年前，南方古猿出现了，他们生活在树林中，随着环境变化，一部分学会了在地上行走；同时，他们能够把石块、树枝等当作工具。

最早的能人由非洲东岸的南方古猿进化而来，他们能够将石头、木棍、动物骨骼等原始工具进一步加工，制作出更加复杂的工具。因此，他们也被称为能人。不仅如此，他们还会利用树枝、野草、石头等建造简陋的住所。

大约 200 万年前，一些能人也开始直立行走。于是，最早的直立人便出现了。之后，直立人学会了使用天然火。火的使用，提高了直立人的生活质量，大大推动了他们的演化，特别是大脑的发育。他们身体上的毛渐渐褪去，露出了粗糙的皮肤，有些直立人也慢慢走出非洲，成为开拓者。工具的制造和火的使用，成为猿从旧物种到新物种的根本标志。

大约 20 万年前，更高级的智人出现了。智人的身材、相貌和现代人非常接近，肤色也开始逐渐分化。智人会用石头、树木等制作更加精细的工具，能够人工取火。更重要的是，智人开始组建家庭，形成了自己的社会，智人很快布满了各个大洲，并取代了直立人。

可见，人类的演化是极其漫长的过程，并且演化还将持续下去。

8-4

地球最多能承载多少人口?

2022 年 11 月 15 日，新华社的一条消息引发了人们的关注：地球人口达到 80 亿。此前，联合国发布的相关预测显示，到 2050 年，全球人口总数量将达到 97 亿，2100 年将超过 110 亿！

研究表明，人类出现在地球上已有大约 600 万年。众所周知，地球上的各种资源，尤其是包括淡水在内的自然资源是很有限的。在此情况下，人口数量一直在持续增长，这对地球造成的压力是可想而知的。一个问题一直萦绕在人们心头：地球最多能承受多少人口？

地球上每一个生物的生存，都离不开水、食物、居所等。地球上能生存的人口数量取决于地球本身的承载能力。

早在 1798 年，英国牧师托马斯·罗伯特·马尔萨斯（Thomas Robert Malthus）做出了这样一个预言：地球不能无限制地供养不断增长的人口。如果人类不自我约束，地球将会通过饥荒来控制人口增长。

简单来说，地球的承载能力包括以下几个方面。第一是地球现有人类生存空间的容纳能力，即合适的环境空间；第二是人类要想生存下来，必须要有足够的资源如水和石油等；第三是被人类破坏的自然环境，有足够的自我净化和修复时间，包括地球对人类在生产和生活中所制造大量垃圾消解的时间。此外，还有其他因素，不一一论述。

毫无疑问，精确估算地球的承载力有重大的现实意义，对人类规划未来也有极其重大的意义。但毋庸讳言，这种预测是极其困难的，其难度不亚于准确地预报地震。原因很简单，影响地球承载力的因素是多种多样且动态变化的。

所以，关于“地球最多能承受多少人口”这一问题，现在无法得到明确的答案。

尽管如此，并不影响我们从不同角度做一个粗略分析。

从目前科技水平及其发展趋势来看，粮食等农作物的生产、稳产和增产应该是可以保证的；换言之，满足地球上绝大多数人的温饱应该不成问题。至于人类赖以生存的各种自然矿产资源，虽然一定会越来越少，但人类可以通过向地球深部和宇宙空间进军，获取必要的补充，短时间内也不会出现重大危机。近几十年来，人类越来越重视清洁能源的开发，如风能、水力能、太阳能及核能等。这些绿色能源，已经得到人们的认可并逐渐占据越来越重要的位置。在生存空间方面，占地球表面71%的海洋也有无限可能。此外，人类已经开始探索移民其他类地行星的可能性。

除上述硬性条件外，地球未来能够容纳的人口数量，还与一些软性因素如环境宜居性、生物多样性等相关。

人类在追求文明发展的同时，也为自身制造了许多困境。为此，我们在思考地球还能容纳多少人、自然资源还能使用多少年的同时，更应该采取切实可行的措施保护、改善地球日渐恶化的环境；科学地处理好人与地球的协调发展关系，创造更美好的人居环境。

8–5

恐龙，为什么叫恐龙?

19 世纪 20 年代，当英国乡村医生、化石收集爱好者吉登恩·曼特尔（G.A. Mantell）对一些大而尖利的牙齿化石产生浓厚兴趣时，可能连他自己也不曾想到，他正在掀开的是一段尘封已久却惊心动魄的地球故事，故事的主角是恐龙。

恐龙化石

恐龙，为什么叫作“恐龙”，恐怕还要从这位乡村医生锲而不舍的探索过程讲起。

为了找到牙齿化石的答案，曼特尔医生重返发现化石的地方，又找到了一些骨骼化石。然后，他带着这些“宝贝”向法国动物学家、地质学家居维叶（Georges Cuvier）、英国古生物学家巴克兰（William Buckland）请教，他们的答复是：牙齿是犀牛的、骨骼是河马的。因为兴趣浓厚，曼特尔对化石也颇有研究，专家给出的答案，与他自己的判断有差别，他没有盲目迷信权威，而是继续从其他途径寻找答案。经过认真比对和研究，他发现这些牙齿化石与鬣蜥的牙齿非常相似，只是大了许多。于是他在 1825 年发表文章，将这些牙齿的主人命名为“禽龙”，意思是“有着像蜥蜴的牙齿的兽”，这大概是第一个被发现并被定名的恐龙化石。之后，人们在英格兰南部的岩层中陆续发现了许多爬行动物的化石，如 1824 年巴克兰发现并命名的“巨齿龙”，曼特尔于 1833 年命名的“林龙”等。

1841 年，来自大英博物馆的理查德·欧文（Richard Owen）在普利茅斯举行的不列颠科学协会会议上，根据三种恐龙荐（骶）椎的共同特征建立了爬行动物的一个分类：恐龙目（dinosauria），并首先在 1842 年出版的著作《英国爬行动物化石》中提出。dinosauria 由两个词根组成：deinos 和 sauros，前者意为“恐怖的”或“极其巨大的”，后者意为“蜥蜴”。

汉语中的“恐龙”是由于 dinosauria 首先被日本人翻译成“恐竜”与“恐晰”。二战后统称为“恐竜”，著名地质学家章鸿钊先生把日文“恐竜”一词译为“恐龙”，从此恐龙这个名字就在国内传开，成为这类远古巨兽的统称。

8-6

生物大灭绝相当于生命回到原点重新开始吗?

当生物赖以生存的环境条件如气温、气压、光照时间或空气成分在短时期内发生较大变化时，就会导致生物因一时无法适应而大量死亡，甚至引起整个物种灭绝，进化史上多次发生的“生物大灭绝”事件很可能与此有关。有研究表明，在地球生物演化的漫长历史上，曾经发生过五次非常严重的生物大灭绝事件。

奥陶纪末生物大灭绝　奥陶纪开始于距今约4.85亿年前，延续了4200万年左右。当时气候温和、浅海广布，包括我国大部分地区在内的世界许多地方都被浅海海水覆盖着。这个阶段现代动物的最早祖先们——一大批海洋生物空前发展，但它们还没有生活在陆地上。当时生物种类异常丰富，包括三叶虫、笔石、牙形石、腕足动物、珊瑚、苔藓虫、最早的鱼类、鹦鹉螺等。目前普遍认为到距今约4.4亿年前的奥陶纪末期，全球气候突然变冷，形成了大片冰川，并导致海平面下降、大陆架浅水区大幅缩小，原先广阔的沿海生态系统被严重破坏，造成大量的海洋生物属和海洋生物种灭绝，一部分腕足动物和苔藓动物科灭绝。

泥盆纪晚期大灭绝　泥盆纪始于距今约4.19亿年前，大概持续了6000多万年。在泥盆纪，地球的面貌发生了巨大变化：海洋大范围消退，原来被海水覆盖的许多地块露出海面成为陆地。因为气候温暖适宜，海洋生物空前发展，现代鱼类开始出现。也因此，泥盆纪常被人们称为“鱼类时代”。

在陆地上，陆生植物空前发展，蕨类植物十分繁盛，昆虫和两栖类动物兴起。地球上一片安宁平和、生机勃勃的景象。

但大灭绝还是来了。在这次大灾难中，全球范围内大量海洋生物灭绝。陆地上的植物和包括昆虫、蝎子等在内的节肢动物门的进化受到影响。与此同时，海洋中的造礁生物遭到灭顶之灾，海中的礁类消失殆尽，只能以个体生存下来，不再能聚集成群。三叶虫、腕足动物和头足类遭受重创，很大一部分也灭绝了；脊椎动物门中无颌纲的甲胄鱼类也灭绝了。

泥盆纪晚期生物大灭绝的原因，是地球上所有五次生物大灭绝中最难解释的一个，至今也没有非常明确的结论。目前一般认为，火山活动或海平面变化频繁可能是原因之一。

二叠纪末生物大灭绝　二叠纪始于距今约 2.99 亿年前，持续了大约 4500 万年。二叠纪时期地壳运动比较活跃，发生了剧烈的板块运动，逐渐拼接形成联合古大陆（也称泛大陆），这个泛大陆被无边无际的海洋所包围。据研究，地球在二叠纪的典型景观可能是这样的：内陆地区以大片沙漠为主，浅海地区则环绕着潮湿的沼泽和森林。这个时期气候变化极大，海洋和陆地物种也极为丰富，可以说是地球生命发展史上的一个小高潮。

在距今 2.52 亿年前的二叠纪末期，发生了地球有史以来最为严重的生物大灭绝事件。这次生物大灭绝，造成古生代曾经非常繁盛的动物群中许多主要门类灭绝或大幅减少。蝬类、三叶虫、棘皮动物门的海蕾类、四射珊瑚、横板珊瑚等从此销声匿迹。地球的陆地生态系统遭受重大打击，华南地区的热带雨林植物群基本消失。但还是有很多植物种类如针叶类植物，幸运地躲过这次大劫难，这些植物就成为地球现生植物的祖先。

三叠纪末生物大灭绝　三叠纪始于距今约 2.52 亿年前，延续了约 5000 万年。此间，爬行动物和裸子植物迅速崛起。

到距今 2.01 亿年的三叠纪末期，海洋中 52% 的属和 76% 的物种突然消失了，除鳄形目和翼龙目等外，许多大型两栖动物也随之灭绝，植龙目、幻龙目与盾齿类也灭绝了。但这次生物灭绝事件腾出了大量陆地空间；单孢和双孢花粉组合消失，花冠属花粉组合出现。

目前，科学家们认为三叠纪末生物大灭绝是火山喷发造成的。火山喷发释放出 CO_2 导致全球变暖，或释放出 SO_2 和气溶胶导致全球变冷，从而破坏了生物的生存环境，导致大量物种灭绝。

白垩纪末生物大灭绝（恐龙大灭绝）　白垩纪始于距今约 1.45 亿年前，延续了约 7900 万年。6500 万年前的白垩纪末期，发生了地球史上第五次生物大灭绝事件，存在超过 1.6 亿年的恐龙时代就此终结。目前，科学家们初步认可白垩纪末期发生的一次或多次陨星雨造成了全球生态系统的崩溃：撞击及火山喷发使大量气体和灰尘进入大气层，以至于阳光被遮蔽数十万至数百万年之久、全球气温急剧下降，生态环境遭受严重破坏。除庞大的恐龙外，几乎所有大型陆生动物都未能幸免于难。一些小型的陆生哺乳动物依靠残余食物勉强为生，好不容易熬过最艰难的时日，存活下来。

从上面的简要介绍可以看出，地球上已发生五次生物大灭绝，尽管每次都有大量物种灭绝，但生命从未“清零”。地球生命发展进化的壮丽之歌从未停歇，生命是伟大而顽强的，总有劫后余生的幸运物种历尽艰辛，存活延续下来，继续在生命进化的伟大征程上勇敢前行，直到今天。

8-7

人类会像恐龙一样突然灭绝吗?

关于“人类最终将要走向何方”，一直是人们津津乐道的话题。2020 年初新型冠状病毒肺炎疫情的全球大爆发，引发了人们对自己未来命运的担忧，类似的讨论热度也不断上升。人们基于系统论的思维，开始讨论“新冠病毒”的出现对于地球系统来说到底意味着什么，人类会不会因为这次疫情大流行而灭亡？显然不会！

通过几次生物大灭绝的了解，不难发现，当环境发生巨变时，对先前环境适应得最好的物种往往最先灭绝。究其原因，是这些生物短期内无法适应环境的巨变。

人类作为现代社会环境中适应性和兼容性很强的生物，随着科技发展，医学水平的提高，人类的吃穿住行越来越多的使用高科技产品，例如家畜饲养以工业化进行，大批量饲养并使用激素等化学材料，不仅降低了动物的抗灾机能，一旦有传染病出现，就会迅速在生物间传播。随着社会的进步，人类逐渐产生了新的疾病类型，如高血压、糖尿病及肥胖症等。同时，人类的活动也干扰了自然界物种的灭绝速度，据有关数据统计，鸟兽类目前的灭绝速度，是人类干扰前的 100 ~ 1000 倍。

尽管如此，我们也不必惊慌，以人类史上几次大型传染病为例，相比于恐龙，人类是有智慧的，能够集体应对突发事件。因此，我们相信，人类有望通过集体的智慧与文明，为自己争取更好的生活环境。

8-8

琥珀中的恐龙可以复活吗?

数千万年前，植物分泌出来的树脂，因为重力滴落并被掩埋起来，在温度压力的作用下，逐渐形成了一种天然的树脂化石，晶莹透亮，被人们冠以“琥珀”的美名。树脂能够让被包裹的组织快速脱水，从而极大地抑制了细菌和真菌对生物遗体的分解。一些保存非常精美的琥珀化石甚至能留存亚细胞结构，能够观察到细胞核、线粒体和叶绿体。

20世纪80年代，有学者认为能从琥珀中提取出DNA[1]，一时间引人无限遐想。电影《侏罗纪公园》正是受到了这些结果的启发。可遗憾的是，这些结果后来都无法成功复现，仔细检查发现获得的DNA几乎都是现代的。现今科学家认为，那些结果是早期技术缺陷所致。

进一步的研究发现，就算是木质素、纤维素和几丁质这样结实的大分子，在琥珀中也只能存在几万年至几十万年。对于2500万年以上的多米尼加琥珀的研究表明，最结实的大分子经历如此漫长时间也已经面目全非。琥珀坚硬的外壳能够阻止生物组织坍塌、破坏结构，但是树脂分子本身依然可以和生物分子借助硫基团发生各种反应。

缅甸琥珀标本的年龄近1亿年，即便使用超高灵敏新一代DNA测序技术也不可能获得有价值的DNA片段，电影《侏罗纪公园》中恐龙场景也只能留在科幻里。因此，想依靠琥珀复活远古生物是不可能的。

---

[1] DNA即脱氧核糖核酸，是分子结构复杂的有机化合物。作为染色体的一个成分而存在于细胞核内。功能为储藏遗传信息。

8–9

一万年前的人类吃什么？ *

今天吃了没？今天吃什么？是我们每天都要面对的现实问题。一万年前的古人也不例外。

大约 1 万年前，随着新仙女木气候事件（末次冰消期持续升温过程中的一次突然降温事件）的结束，人类从旧石器时代进入新石器时代，从采集狩猎的时代开始进入种植农业时代，人类社会从此翻开了新的一页。正如现代我国南北食谱的差异一样，1 万年前我国南北方食谱的差异化已经逐步形成。在中国北方，先民主要以粟黍为代表的旱作农业为主，而在南方则是典型的稻作农业。

黍俗称糜子，最早被人类驯化和利用，其野生祖先尚不明确。粟俗称谷子（谷粒去皮后称为“小米”），其野生祖先可能为青狗尾草。来自植物硅酸体的证据显示，山东的磁山遗址发现了最早的黍遗存，测年数据显示距今 1 万年左右，是目前世界上最早的驯化黍的证据。山西作为华夏文明的起源地之一，最早的粟遗存发现于 8000 多年前的翼城枣园遗址。

稻作农业的起源目前仍无定论，但目前出土的考古证据显示，大约在距今 10000 ~ 7000 年的中国南方，水稻已经成为人类的主要食物。旱作农业和稻作农业的传播早期在时间和区域上有自己独特的传播线路和模式，进

* 选编自《地球》，2023 年，第 4 期，第 70–72 页，一万年前的人类食谱，作者刘汉斌。

入后期则既有交叉又有重叠，这直接导致了我国早期农业的多样化和融合交汇，也进一步丰富了早期人类的食谱和餐桌上的食物类型。目前的考古证据揭示，最早的小麦起源于9000年前的中亚新月地区，之后一路东传，在距今5000年左右进入我国西北的河西走廊地区，在距今4000年左右的时候进入黄河上游甘肃天水盆地，并在其后二三百年内迅速成为当地先民的主要食物。在欧亚大陆的粟－黍、稻作、麦作农业兴旺发达的时候，远在美洲的先民们在距今9000年至3500年间陆续驯化了玉米、南瓜、马铃薯等作物，并发展成为独立的农业体系。

从古至今，随着农业发展，食物种类越来越多，未来，随着科技的进步和文化交流的进一步频繁，人类的餐桌将更加丰富多样！

丰富的作物种类

后记 POSTSCRIPT

五千个在哪里？

七千个怎么办？

十万个为什么？

——约瑟夫·鲁德亚德·吉卜林

“……个为什么？”这种书籍命名方式，最早是从苏联著名科普作家米·伊林于1929年出版的《十万个为什么》开始的。米·伊林正是选取了吉卜林的诗句作为书名，在俄语中，“十万”是虚指，形容数量非常多，不仅契合了诗句“有许许多多的问题等待读者发掘”的本意，更寄托了对未知世界不断进行科学探索的希望。

发现问题、研究问题、解决问题，是推动人类不断进步的动力和根本。习近平总书记指出：“好奇心是人的天性，对科学兴趣的引导和培养要从娃娃抓起，使他们更多了解科学知识，掌握科学方法，形成一大批具备科学家潜质的青少年群体。”地球是生命的摇篮，地质源于对地球秘密的探究。山东省煤田地质局在“唤醒宝藏、奉献希望”的同时，坚持以“传播地学知识、讲好地球故事”为己任，把地质科学普及列入科技工作计划，向广大地质工作者提出了“地质一万个为什么”命题，提出围绕地球家园这个中心，从山东省煤田地质局七十多年地质工作的优势领域入手，从地球认知、地质理论、探测技术、找矿方法、民生地质、环境监测、生态保护等问题陆续展开，面向社会推出集科学性、知识性、趣味性、应用性于一体的科普作品，传播认识地球、开发资源、呵护家园的地球科学知识。

行动是成功的关键，落实则是行动的灵魂。山东省煤田地质规划勘察研究院基于扎实的科研功底和长期的科普实践，主动揭榜领题，成立科普创作团队编撰组，明确了立项背景与意义，确定了方位与目标任务，设计了篇章结构与内容范式，商定了人员、时间等要求。大家一致认为应借鉴经典的《十万个为什么》丛书，采用一问一答的形式进行编撰，内容应具有贴近生活、易于理解、图文并茂、言简意赅、聚焦性强、便于传播等特点，还要走好问题优选的“从群众中来，到群众中去”的群众路线。

征集和遴选问题是十分重要的一环。编撰组首先通过网络平台、平面媒体等向地质专业人员、科普爱好者、大中小学生广泛发起征集趣味地学问题活动，鼓励单位内外科技工作者撰稿，这一做法得到了积极响应，实际供稿人数超过 70 人。同时，科普团队在进校园、进社区等科普活动中，征集了中小学生提出的许多千奇百怪的问题。这些提问往往脑洞大开、天马行空，但很有进一步挖掘和解答的价值，促使科普工作者更加深入地探索、更加贴切地解答。所以，本书中所解答的问题，既有山东省煤田地质规划勘察研究院科普团队长期积累的疑问，也有面向社会尤其是从广大中小学生中征集来的提问。

久久为功，滴水穿石。初稿完成后，编撰组邀请行业专家进行了多轮校核，并对数百条审查意见逐一查阅文献、补充资料、优化内容、美化图片，形成 113 个“为什么”。稿件提交至地质出版社后，经编辑老师和审稿专家逐篇推敲、修改打磨、精心编排，往返多个回合，最终精选了 100 个“为什么”。从创意策划到组织实施，从优化提升到结集出版，历时 3 年多，可以说，这部作品是各级组织、各位专家、各界朋友、创作团队、编辑老师和各方面热心参与者大量心血和汗水的结晶。

在编撰过程中，山东省煤田地质局党委高度重视，在顶层设计和各方面给予了充分的政策支持，党委书记、局长范宇新担纲主编，为编撰工作把关定向，亲自指导和撰写有关内容。山东省煤田地质局首席专家、自然资源部首席科学传播专家王怀洪，山东省煤田地质规划勘察研究院党委书记、理事长李小彦，党委副书记、院长、执行理事黄兴龙等班子成员及相关业务部门同志组成了全程参与、齐抓共管的编撰团队。山东省煤田地质规划勘察研究院支撑建设的国家级科学家精神教育基地宣讲团队的王俊、李杰、米伟、李吉祥、殷毅、吕成成、米春霞、徐聃宁等成员，中国煤炭工业赋煤盆地煤铁气绿色协同勘查创新团队的梁开华、张晖、曲泽良、马明永、兰志勤、周丽丽、林树杰、颜廷忠、李东慧等成员，自然资源部（山东省）高层次科技创新团队的朱裕振、曹学江、李超、王晶、田得龙、路长勇、李泗龙、王浩等成员，中国科协黄河下游地质环境监测与承载力评价决策咨询团队的郝启勇、窦凤珂、钟伟杰、张义、许蓬、吴冬梅、杨静、刘国栋、林雨佳、陈小雪等成员，中国地球物理学会煤田地球物理重点实验室田思清、汝亮、潘凤强、隋建红、林羽、曹国栋、杨楠、雷桂芹、崔婧、李如等科技工作者（排名不分先后），在本书策划、组稿、协调等多项工作中，密切配合协作，付出了辛勤劳动。在此表示衷心感谢！

付梓之际，特别感谢著名构造地质学家万天丰教授、中国地质博物馆刘树臣研究员、中国地质调查局自然资源实物地质资料中心高建伟高级工程师、山东省地质调查院李秀章研究员等众多地质与科普专家，感谢地质出版社编辑团队在稿件修改和审读中给予的关键指导和重要帮助。

社会业界和全局同事以及后续读者对本书给予了高度关注和热切期盼，这份极为宝贵的力量鼓励支持我们锲而不舍、勇毅前行。在此表示衷心感谢！

书中引用和参考了部分前人的著作文献，借鉴了前人的思路，在此深表感谢。如有不妥请及时联系我们，我们将认真处理。同时，由于客观事物本身的复杂性，有些问题尚停留在科学推理的假说阶段，期待科技不断进步以求正解。首卷初试，涉及内容广泛，编者水平有限，如有不当之处，恳请批评指正，我们将继续努力。

地质“万问”乍开始，科学探索无止境。寄望本书成为读者的良师益友，激发读者对地球科学的兴趣，一起追寻地质科学家脚步，把理想托付给旷野、交寄给群山，共同了解地质、关爱地球，去揭开地球上更多的奥秘，合力共筑中国梦。

编　者

2024 年 2 月 1 日 济南